U0013063

suncolor

suncolor

Choose Better

The Optimal Decision-Making Framework

做個選擇高手

「最佳決策架構」

讓你認識自己，克服選擇障礙、猶豫不決，奪回人生主導權

晏光中 Timothy Yen 著 張家瑞 譯

suncolor
三采文化

獻給我的妻子
我這一生中最好的選擇

推薦序——

成為自己人生中的選擇高手

「讀書 e 誌」版主／**吳億盼**

有選擇障礙症或是常常懊悔自己的選擇的人，這本書會是一個很棒的輔助工具！身為心理師，同時也在軍中待過的作者，看過無數的人在面對抉擇時的困難。有些人因為害怕做錯決定，或是冒犯他人而不願做選擇（結果因為他人為他做決定而生悶氣），或是有人想做決定但是總似乎感到迷惘（活在一個似乎有無數多選擇的世界裡，每一個選擇好似都在呼喚我們的注意力，真的很多人會有選擇障礙症啊！），甚至也有人因為做錯選擇，而進入到一種不再相信自己的無限輪迴狀態。

做為心理師的作者，深入淺出地剖析了人的情緒反應，清楚地說明我們該如何看待情緒。我們應該把情緒當作一個「警報系統」而非「指揮系統」。此外作者曾在軍中待過，並根據這樣的情境發展出一套因應戰略。雖然我們日常中似乎要做許多的決定，但大部分的決定與其快，還不如專注在決策的品質上。當我們有意識地願意靜下來好好思考我們的決策模式時，真的可以讓我們在生活中各個層面的決策品質越來越好。

用「戰略」或是「謀略」來形容決策方式好像有點浮誇，當然並不是所有的決策都需要這麼慎重看待，不過人生一定會有許多重大的決策或是重要的關係，會因為我們反應的方式而決定它變好或變壞。因此如果有一個簡單的框架能夠幫助我們手中的資訊整理出一個大方向，就能讓這個決策的過程輕省而且放心許多。

書中舉了許多實際的例子，所以很容易知道如何應用在生活當中，但再好的意圖或是想法最終還是要付諸行動。書中最後的部分講到的就是勇氣以及如果做出不好的選擇時如何調適自己。每個人都有許多的成長空間，做出好選擇並非是可以一蹴可幾的。首先是下定決心要進步，再來就是不斷地反覆練習到精熟，相信每個人都可以是自己人生中的選擇高手。

目次

contents

Choose Better:
The Optimal Decision-Making Framework

前言／

人生只有必然，沒有偶然

「是時候了，我要離婚。」會晤瑪莉的那天，坐在我面前的這位女士看起來就像沒有靈魂的空殼子一般。她看著我的眼神，混雜著震驚、失望、憤怒和疲憊。瑪莉結褵十七年了，和丈夫育有三個孩子。她對婚姻的觀念是「至死不渝」，所以從來沒想過會有離婚的一天。過去這麼多年來，她明知道婚姻有問題，但總是睜隻眼閉隻眼。由於害怕做出錯誤的選擇，所以瑪莉並沒有去解決問題。她害怕，假如吐露自己的擔憂，先生會使用言語暴力或傷害孩子。萬一選擇和他攤牌，但情況變得更糟呢？瑪莉在該不該做之間猶豫不決，最後吃虧受苦了。多年來，她生活在恐懼和空虛之中，孩子也受到不健全婚姻的負面影響。為什麼她那麼猶豫不決？要是她選擇早一點挺身而出，現在會不會變得不一樣？

喬坐在瑪莉對面的椅子上，即將成為瑪莉的前夫。他雙手環胸，看起來很憤慨。面對進一步的討論，他產生很大的挫折感。在和瑪莉攜手建立家庭多年之後，他也從未打算過離婚。瑪莉是他一生所愛，他們是高中戀人，他想和她白首偕老。喬夢想著擁有自己的度假小屋，可以和兒孫們一起編織回憶，就像他小時候一樣，但那些夢想隨著離婚而成泡影。雖然他盡了很大的努力挽留婚姻，但是他之前做了很糟的選擇。

喬有酗酒問題，用酒精來麻痺自己的情緒傷痛。他承認自己常常遷怒於瑪莉，並且口出惡言。孩子很怕他，警察也上門過好幾次。他爸爸也酗酒，而他很恨爸爸這樣。諷刺的是，現在的他就和自己父親一樣：失去大部分所愛的人。

喬也看出來婚姻走下坡的徵兆，並告訴自己：「我要戒酒，然後與妻子和好如初。」然而這一天從未到來。如果要忠於自己，那麼他是不想改變的，畢竟酗酒和壓抑情感容易多了。他做了不好的選擇，導致走上離婚這條路。為什麼他做不出更好的選擇呢？我聽說離婚是第二大情緒傷痛，第一是失去親生孩子。大部分人不會追求預期會離婚的婚姻，事實上，人在相愛時是真心誠意的，那正是為什麼他們決定要終身廝守的原因。有時候，人們擺脫婚姻是以為情況會好轉，傷痛會消失。可惜的是，真相往往相反。當上法庭和爭取孩子監護權變成一場苦戰的時候，傷痛會更加惡化。有的人甚至萌生自殺念頭，因為情況似乎會這樣永無止境，而死亡開始以寧靜的願景召喚他們。這種事情是怎麼發生的呢？簡單地說，可悲的下場來自於一連串不良的選擇。

瑪莉和喬代表了本書所詮釋的兩種人，他們都有選擇的問題，導致後來彼此之間最重要的關係終結。瑪莉代表優柔寡斷的人，面臨挑戰的時候，她害怕或困惑得不知所措，於是選擇什麼也不做。瑪莉往往看起來是個好脾氣的人，無論如何也要避免衝突。她缺乏自信，感覺自己的看法好像微不足道。她內心的難過或憤慨很強烈，但是她學著壓抑那些感受，因為害怕萬一說出來，別人卻否定她。她是那種「順其自然」的人，但是往往覺得自己被漠視了。她的人生好像失去了信心，暗自羨慕那些能肯定自己的人。

喬代表的是做錯選擇的人。他懂得對遇到的情況做出反應，但是做法往往太過激烈。喬很容易出於焦慮或挫折而貿然做決定，根本沒有經過審慎思考。當他做了不好的決定時又不肯承認，而是正當化、合理化自己的決定。但是他無法否認，自己有多麼痛恨那些後果。

喬會把後果歸咎於其他人或其他情況，但暗自怨恨自己才是問題所在。他在做決定的時候也許看起來有自信、有主見，但是一旦知道做了不好的決定之後，便無時無刻在自我懷疑。他沒有從錯誤中學到教訓，反而選擇忽略問題，用「下次不會了」的想法來欺騙自己，直到情況重演。喬一再地重蹈覆轍，他的人生充滿失望，卻不知道要怎麼改變。

你是哪一種人？是猶豫不決的瑪莉，還是做出不良選擇的喬？我承認，我曾經兩者都是。有的時候我無法下定決心，而有時候的我很情緒化，於是做了不好的決定。也許你介於兩者之間，我肯定你在生活中看過像瑪莉和喬那樣的人，在他們各自的情況裡，生活都不理想。瑪莉和喬處理事情的方式都未達到他們的能力水準，至少，他們的生活並未反映出自己真正想要的樣貌。

如果你在瑪莉或喬的身上看到自己的影子，你不是唯一一個。人之所以會陷入掙扎，箇中原因十分微妙。每種行為都有其作用，這表示我們所做的每一個選擇都在某方面有利於自己，否則我們不會那麼做。有些人或許童年艱苦，因為父母做了不好的選擇，然後你因為他們的選擇而受苦。另外，有些人或許天生殘缺或失能，覺得自己與旁人不同。發生在我們身上的事情超出我們的掌控能力，但那不是我們的錯，這是常有的事。我們可以輕易地把自己的選擇合理化，讓自己不用努力去改變，然後繼續違背真心地去做不好的選擇。或者，你也可以下定決心改變。這是一個你必須做的重要選擇，就從現在開始，你必須毅然決然地重拾選擇的權力。做選擇是自己的責任，你責無旁貸，不要讓自己成為你的境遇的受害者。

我要為你的人生創造美滿和更好的命運，無論你有什麼理由導致選擇困難，或繼續做出不好的選擇，你都可以改變！要是從前的我不相信這是真的，我就會放棄心理諮商的工作。我看過無數人扭轉他們的人生，因為他們學會如何思考得更清晰、如何做出更好的選擇。他們找到真實可靠的生活方式，並且成為理想的人。你也可以擁有更清晰的思緒和頭腦，並因此得到強大的自尊及自信。做出最理想的選擇，能夠在根本上扭轉你對人生的看法。它能讓你感受到自己是人生的主宰，它讓你知道你是誰、想要什麼，以及如何得到你想要的。

我很榮幸能夠引導你成為想要的自己。你會學到許多方法而更深入地了解，為什麼你會身陷泥淖，做出不好的選擇。你再也不會在心煩意亂的當下做判斷，反之，你將會擁有一套務實的方法，引導自己釐清問題，辨識出最好的選擇。我把這個方法稱為「架構」。架構的步驟會幫助你從泥淖中脫身，也會幫助你了解下一步該怎麼做。我們也會說明做出不良選擇的潛在陷阱，以及如何召喚出勇氣來實踐自己的最佳選擇。

然而我是誰？為什麼你該信任我成為引導者？我是一位臨床心理師，看過成千上萬名為不良選擇所苦的客戶（在醫院和私人執業場所）。他們的優柔寡斷或不良選擇，要為他們不如意的人生負起大部分的責任。我花時間評估人們如何透過諮商而變得更好，也研擬出在人們心理康復和認同形成時以支持他們的架構。身為一名國際演說者和研討會促進者，我親眼見證了跨越多元文化的領導人和團隊，現在變得有能力活出最好的人生。

這本書適合你嗎？那要看情況。如果你自始至終都能做出好選擇，而且在做選擇時不需要再優化，那麼你不用繼續讀這本書了，把它送給別人吧！但是，如果你不是那樣的人，那麼你可以從本書中獲益，成為一個最佳決策者。更具體地說，這本書是為了以下的人設計的：

- 無法從頭到尾都做出良好的選擇。
- 時常覺得需要立即做出回應，導致衝動行事。
- 遇到選擇時容易困惑或慣性逃避，最後一事無成。
- 鮮少透過溝通來表達自己真正的想法或感覺，最後深受其害。
- 生活差強人意、無法發揮潛能，想要突破現狀。
- 看似擁有許多美好事物，但仍然覺得缺少了什麼。

如果你符合其中一種經驗以上，那麼，「最佳決策架構」（以下簡稱「架構」）能夠幫助你克服這些困境。

在此簡述一下我們要探索的範疇。第一章要討論的是各式各樣的猶豫不決，以及它們發生的原因。第二章討論另一種同樣危險的現象：不良的選擇。在第三章裡，我們會看到不良的選擇會怎麼影響你的生活，以及為此付出的代價是什麼。第四章是正式介紹「架構」，我們會說明它的各種要素，並且做個簡短的概述。第五到第十章會深入探討「架構」，並說明如何使用它。在最後一章，第十一章，我們要探討的是做出良好選擇的關鍵要素：了解不良的選擇並非結局，你可以從負面的結果中捲土重來。

本書不能保證完美，你仍然會犯錯，懂得愈多，不見得做得愈好；但是，不懂得更多，往往做得更糟。如果你想掌握自己的選擇，要知道，無知便「不」是福。有時候，我們說某個選擇是種「錯誤」，是因為它造成情緒不適，或是它帶來非預期的結果或不喜歡的結果。既然我們是能力有限的生物，所以，有時本來就會遇到不幸。我們必須記住，我們或許會因禍得福。當事情進展得不順利的時候，對我們來說也許是好的。（儘管當下不會那麼想！）

事實上，有時候從「錯誤」中學到的智慧，也許是未來成功所需的條件。犯錯是一個最佳決策者的必經歷程，那便是這個架構的心態。這個架構的目的是使你有能力做出經過充分評估的選擇，培養你有能力（針對你一生中的所有選擇）以可靠的方法做系統性思考，並且創造正向的結果。

想像自己成為一個在做選擇上極有自信的人，無論問題多麼複雜或高壓，你的內心都是平靜鎮定，因為你知道如何讓事情迎刃而解。清晰的頭腦讓你看清事情本質，也讓你知道擁有哪些選項。你和自己的情緒調諧，而且能夠迅速地找出需要或想要的。你所做的每個選擇都符合自己的價值觀，而且也看得到那些選擇對自己的目的有什麼樣的助益。此外，你能夠看出做出正確選擇的阻力，同時已具備克服這些障礙的勇氣。這就是最佳決策者應該有的模樣——而你，可以成為這樣的人。

現在的問題是：你準備好成為一個最佳決策者了嗎？如果答案是肯定的，那麼是時候去弄清楚，為什麼你會做出那些選擇，以及能夠如何改變它們。此時此刻，已經該轉換為「架構」心態了。

架構

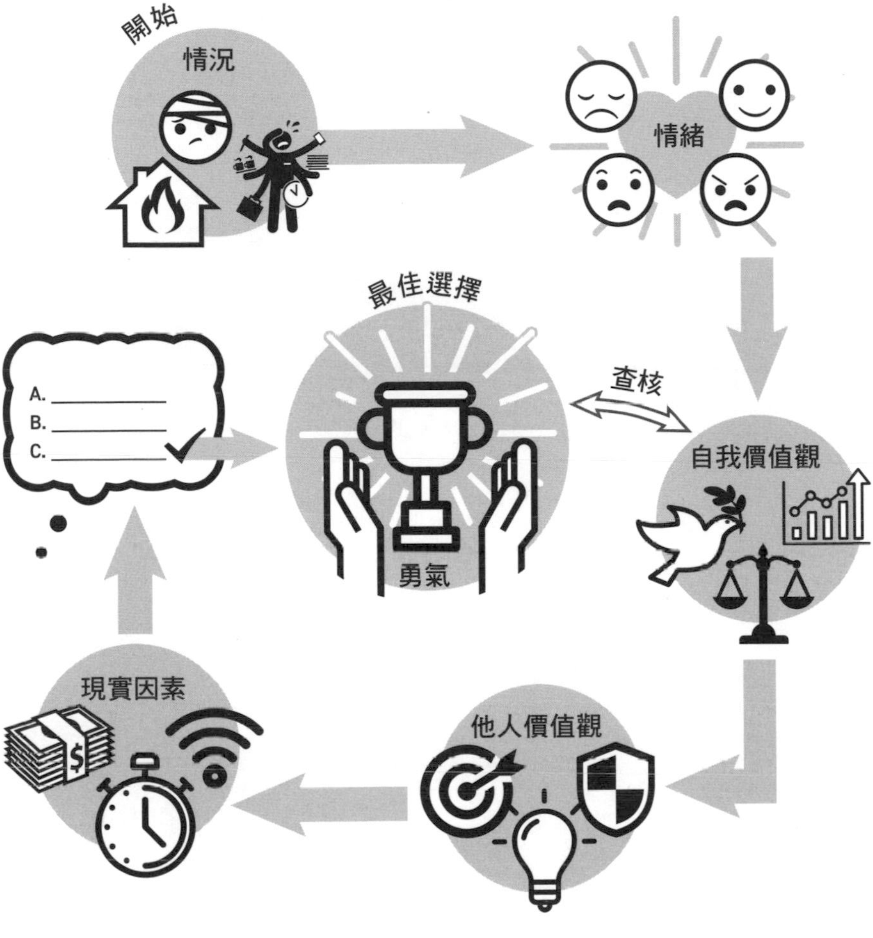

第1章

我不想做錯

鮑比是個和你一樣的普通人，希望受別人喜愛。大家普遍認為他是好人，但是有個問題……他太好了。沒錯，他就是對衝突避之唯恐不及的那種人，而且很少堅持己見。他在社交上有點笨拙，對任何事情都沒有立場。譬如說，就像挑個吃午飯的地方那麼簡單的事情，他的預設回答往往是：「我不知道，都可以。」大家真的很難不喜歡鮑比，可是對他就是有那麼一點擔心。他十分聰明，但似乎沒什麼個性，沒有人真正了解他。

真相是鮑比有自己的意見，他可以輕易地舉出好幾個餐廳。可是，就算他是個慢條斯理的人，並不表示他沒有喜好！那為什麼要說他不知道呢？萬一他「挑錯答案」，大家不喜歡他了，怎麼辦？鮑比很害怕出現劇烈的變化。按道理說，他知道挑選餐廳只是小事，但是在情感上，他很抗拒選擇。

有一天，鮑比真的很想吃披薩，但是他說：「我不知道，都可以。」

他的女朋友堤娜建議：「吃墨西哥菜如何？」

鮑比的第一個想法是：「嘿，我真的不喜歡墨西哥菜。」但他脫口而出的卻是：「當然，聽起來很棒！」真會說謊。

提娜並不會讀心術，所以她直接回答：「太好了，那我們去塔可利亞洛加羅餐廳吃飯吧！」

然後，挫折和怨忿浮現了，他昨天才吃過墨西哥菜，今天真的不想再吃。他努力不讓選擇困擾自己，不過提娜注意到鮑比的情緒逐漸從開心轉為冷淡和煩躁。她不喜歡圍繞在鮑比周遭的氣氛，她納悶：「是因為我說了什麼嗎？為什麼這種事又發生了？」提娜受夠了鮑比的喜怒無常，於是她取消午餐，跟鮑比分手。鮑比不堅持己見，是擔心令提娜失望，但是他附和別人喜好的答案不僅讓她失望，也結束了他們之間的關係。優柔寡斷並不是中庸之道，它會讓別人幫你做好選擇——卻往往不是你想要的。優柔寡斷只是一種不盡理想的生活。

如果你符合這些特徵之一，你就有做選擇的問題。

為什麼做出某些選擇那麼困難？就初學者而言，選項太多了。也許不是都這樣，但是我們的世界已經轉變成一個迎合個人、以消費者為中心的社會。我稱之為「漢堡王問題」，因為每件事都遵循漢堡王的座右銘：「隨心所欲」。它的理論是選項愈多，我們愈滿足。

現在，去一趟星巴克。你喜歡什麼飲料？拿鐵、卡布奇諾、義式濃縮或濾滴式咖啡？你想加豆漿、二％牛奶、全脂奶、杏仁奶或燕麥奶？要哪一種咖啡豆？亞洲、拉丁美洲或非洲的？或是綜合口味？你想要什麼樣的咖啡？濾滴、手沖、綜合或是普通黑咖啡？你喜歡什麼樣的溫度？熱的、涼的或冰的？你想像得到那個畫面，如果是不喝咖啡的人，到了星巴克可能會覺得頭昏腦脹！它的價格那麼貴，我可不想選錯。有正確的選擇嗎？我只想喝杯水……謝謝。

研究顯示，選項愈多不見得愈好。心理師希娜·艾恩嘉（Sheena Iyengar）和馬克·萊伯（Mark Lepper）（2000）做了一項果醬研究，看看一家超市裡有多少品項的果醬，能真正達到銷售和滿意。果醬品項的樣本有兩種、六種、二十四種和三十種。他們假設有三十種不同的品項會帶來最大的快樂，因為它有極高機率讓你找到最理想的果醬。其實不然。艾恩嘉和萊伯發現，三十種不同選項已經夠讓人頭昏腦脹了（你或許可以想像得到），想買果醬的人試吃了這麼多的口味之後，產生更大的懊悔。他們有更多的事後揣測，想著：「也許有其他果醬比我買到的更好。」於是造成了後悔和不滿足。[1]

我看過很多年輕人在選擇方面出了問題，那已經超越了飲料或挑選果醬，他們擔憂的是自己的未來。我記得跟一名客戶戴夫的對話，他高學歷有財力，得到父母支持，但是遇到要做生涯選擇的時候，卻因為害怕而不知所措。他知道最初選擇會計一職不是自己想要的，所以大膽地選擇辭職。但現在壓力反而更大了，因為他必須選擇「正確」的職業，以免浪費更多時間和精力，也不想又回到原來的問題上。戴夫的爸媽是成功的移民者，他們希望戴夫接手家族事業，並且跟世交的女兒安定下來（他們相信對方有益於家族）。雖然他知道現階段的生活不是自己想要的，但是也無法回答這個問題：「我想要什麼樣的生活？」

我們來談談做個正確選擇的難題。什麼是對，什麼是錯？雖然我在這裡的角色並不是要評論任何人的品行，但是我們真的會把對自己最有利的選擇，當成最好或最理想的選擇。那也許是大多數人界定什麼是「正確」的方式。微妙的是，對與錯似乎是不固定的，要視情況而定，下定義絕對是愈來愈困難了。對你來說是正確的事情，也許對身旁的人來說並非如此。

我們曾經信任直覺和權威人士去界定什麼對社會是「正確的」。從前，我們要怎麼樣才能活得快樂是有明確定義的，那時的生活看來「簡單多了」——權威人士怎麼說我們就怎麼做，然後每個人都很滿足。但是現在，我們生活在後現代社會裡，人們漸漸不再信任各種機構對「正確」所下的定義。根據一家公關顧問公司愛德曼的調查，信任政府的美國人不到三十％，而一九六四年的數字是七十五％。[2]

巴納集團在二〇一八年針對美國人對警察暴力的看法做了一項研究，五十三％的人認同，「警察會不公正地鎖定有色人種和其他弱勢團體」。[3] 宗教機構也失去了信用：天主教神父被指控對性侵害兒童，大教堂主任司鐸被指控有不當性行為。彌賽亞學院的美國史教授約翰．費（John Fea）做了一個很貼切的總結，他說：「無論在宗教、政治或學術方面，我認為我們生活在一個各種領域的專家和權威人士都受盡攻擊的時代裡。」[4]

所以，現在沒有一個可以支配一切的「正確」觀念讓人遵循——一條達到幸福快樂的輕鬆路徑。許多人想為自己的快樂下一個定義，快樂成了人生的目標。唯一的問題是，快樂是一種情緒狀態，而情緒是會改變的。你可能這一會兒快樂，下一會兒難過。想像一下你要玩的遊戲，輸贏的規則時時刻刻都在改變，那你還會想玩嗎？也許不會，因為不可能獲勝了。那種遊戲既不合理又讓人挫折，但是人們往往就是這麼進行自己的人生遊戲。假如人生的目標不是快樂，那會是什麼呢？稍後在說明價值觀時，會有更仔細的闡述。

現在回到戴夫在做正確生涯選擇時的困境。他的情況那麼令人氣餒的原因是，他相信萬一做錯選擇的話，人生將會永遠失敗。太多壓力要他達到「完美」的境界，因為錯誤被視為是浪費時間。時光不為任何人停留，每個人所分配到的時間都是一天二十四小時，一週七天，一年三百六十五天，事實就是如此。當有人花了幾年時間去嘗試某件事情而失敗時，那些年的時光、資源和精力都付諸流水。那次失敗使他被視為失敗者，這種觀點令人抓狂，使人們無法做出選擇，除非他們能夠提出一個「防失敗策略」。

而真相是，幾乎沒有「防失敗策略」。如果你要尋找「正確」、保證百分之百成功的答案，別做夢了，你等於是在尋找獨角獸，一個瑰麗美夢，但是你永遠得不到，因為那根本不存在。人生唯一不變的事情就是變化，你所做的每一個選擇一定有風險，尋找完美解答必定使人生充滿焦慮和壓力。

戴夫害怕做「錯」生涯的選擇而不知所措，所以乾脆不要做選擇。這種對完美無法說出口的壓力，導致他在「處理」這個問題時產生了各式各樣的創意方法。最常見的策略是什麼？現在不要處理，再說吧；別說話，假裝這件事不是個問題。最常用的方法？轉移注意力。在二十一世紀的現代世界裡，我們有足夠的消遣填滿幾十年的時間。聽過Netflix嗎？Netflix的執行長里德・海斯汀（Reed Hastings）承認，Netflix的目的是要努力爭取你的注意力。Netflix的競爭對手？是睡眠，[5]他們不想讓你睡！這個系統的設計是在倒數幾秒之後就要播放下一個電視節目或電影，很容易讓人在不經意之間就略過了做選擇的難題。轉移注意力還有其他好幾種方式，像是喝酒、嗑藥、看A片、雜誌和玩填字遊戲。它們彷彿不是任何人的選擇似的，但是當它們損害你最美好的人生時，就可能變成一種束縛。

還有其他讓人分心的隱性事物，它們用「好」來掩飾自己。（暢銷作家詹姆・柯林斯〔Jim Collins〕說過：「好是優異的敵人。」）[6]它的範圍可能是家庭義務、事業、運動、慈善、無私的付出和自我照顧。而且由於在緊急情況下你幾乎找不到人幫忙，因此這些情況很可能在不知不覺中惡化。雖然這些活動本質上並不壞，但是它們可以用來逃避面對重要的議題和需求，可能讓你與最美好的人生絕緣。

戴夫的問題是害怕失敗。（注意，重點在於恐懼，而不是失敗本身！）不過，讓你與真誠生活絕緣的，還有其他的恐懼和障礙。害怕受排擠是一大因素，尤其是社交排斥。我們知道人類在心理上是極渴望關係和社群歸屬感。克洛斯（Kross）、貝爾曼（Berman）、米歇爾（Mischel）、史密斯（Smith）和華格納（Wagner）（2011）發現，大腦把社交排斥解讀、體會為痛苦的方式，類似生理創傷。[7]當有人說「我的心碎了」的時候，也許不只是一種比喻。我們用自己的方法去避免那種被傷害的感覺，好遠離不被認同和排擠，藉此得到安全感。但這會導致缺乏坦誠和脆弱性。

舉例來說，身為一名亞裔美國人，我知道自己的民族根源包括「丟臉」、「假謙虛」和「不名譽」等觀念。這些觀念阻止人們坦承事實和誠實地溝通。羅伯特・尼爾利・貝拉（Robert Neelly Bellah）（1975）闡述儒家思想，說它不只是一種哲學或信仰，也是一種交織在日常生活中的生活方式。[8]在這樣的生活方式中，每個人都有能夠接受的價值觀和規範，而這些價值觀和規範，是嚴格地根據每個人各自的社會地位和角色而界定。這就是為什麼無論你對它們的真實想法或感覺如何，一定要實現某些義務的原因。

雖然我爸媽在搬到美國之後已經有些西化，但是他們仍然覺得我要用最合宜的方式表現自己。我應該在公眾場合表現得體，以免讓家人丟臉。我不是我自己，而是一個「大整體」的延伸。集體心態或種族心態可能是正面的，因為它要我的言行能夠對別人負責。它要我周到體貼，因為我的行為可能影響到親近的人。但是，當事情似乎就是不夠「十全十美」的時候，它也妨礙我鼓起勇氣做一個誠實的人。

缺乏坦誠和脆弱性，並不是東方人專屬的，它是種人類特質。我看過各種民族和文化的客戶，都有類似的經驗。麥戈德利克（McGoldrick）、佐達諾（Giordano）和葛西亞普瑞托（Garcia-Preto）（2005）強調，有些文化動力（Cultural dynamics）也許讓人無法更誠實。在拉丁美洲文化中有一種大男人主義，「男人中的男人」所展現的是力氣和侵略——一個人不示弱的方式，就是表現出他的憤怒。它的文化中也有同情或溫和的關係，那種觀念的目的是無論如何都要避免衝突。在非裔美國人的文化中，尋求治療是一大禁忌。據信，家裡發生的私事是不能傳出門的。由於不信任各種機構，以及由社會、經濟和政治壓迫而創造的負面經驗，他們不願意討論自己或親人的痛苦經歷。阿拉伯後裔會躲避羞恥的「心理問題」，所以不太可能和他們討論情緒障礙。表露自身真實樣貌是人類共同的社交恐懼，超越了任何文化的藩籬。[9]

即使做為一位心理師，和某些人分享自己真正的感覺、想法也是一項挑戰，這都是由我的童年造成的。生長在亞裔移民家庭裡，弄清楚真實的自我讓我產生了一大堆困惑。我是美國人？中國人？台灣人？還是介於中間的某種人？在我爸爸的教養裡有一種「尊重長輩」的期望，意思是，我的想法對他來說不重要。雖然我和爸爸的關係已經有長足的改善，但是我真的很害怕在他的壓力下受影響。我們沒多少對話空間，因為「他是爸爸，所以他總是對的」。他似乎很快就下定論，而且易怒的脾氣讓他在情緒上很靠不住。為了避免可能的突然暴怒和處罰，我學會跟他說他想聽的話，並且省略「非必要」的資訊。令人難過的真相是，並非每一個人都值得信任和真心相待。然而真正的悲劇是，現實使你對自己不誠實。你的想法很重要，而且是時候你該認真看待自己了。

記住，雖然社交排斥會造成痛苦，但是並非所有的痛苦對你來說都是不好的。有時候，痛苦和不安是個人成長的結果，只是看清這一點很困難。大多數人在潛意識裡把痛苦解讀為「就是不好的事情」。但是痛苦是人生自然的一部分，有時候我們必須接受它，然後我們才能變成更好、更真誠的自我。

結論

猶豫不決只是你所做的一個選擇，你選擇隱藏想法和放棄權力，希望結果會奇蹟般地轉而有利於你。困惑或不安取代了你的思維，你的權力就這麼被放棄了。有時候，猶豫不決被偽裝成「思想開明」或「親切」，但實際上卻是逃避責任和對自己不坦誠。還有些時候，我們真的相信選擇是出於自己的意願，但其實是不自覺或社會因素誤導我們做出不真誠的選擇。覺醒的時候到了，讓我們正視自己該做出什麼樣的選擇！

還記得鮑比嗎？在諮商之後，他開始認清自己的恐懼並努力克服，然後感受到內在的轉變。對於人生中想要什麼，現在鮑比能夠對自己十分坦誠。一個個地慢慢來，他開始做自己的選擇。他善用「架構」讓自己的選擇變得更清晰明瞭。

當他說話方式開始變得不一樣，我感覺到他的轉變。他看起來坐得更端正，不再那麼猶豫，也沒有不必要的道歉。鮑比會正視我的眼睛，有了新的自信和勇氣，那是他從未有過的感受。他仍然是個親切的人，但是他的親切不再是害怕或脆弱的表徵，而是一種尊重他人的膽識。鮑比知道什麼對他而言很重要，所做的選擇會反映出自己的價值觀。自然而然產生的附加價值是，他更快樂且內在更平靜。

現在，假設鮑比選擇不做一個最佳決策者，人生也許就完全不一樣，很可能陷於被忽略和缺乏安全感的痛苦之中。有時候，你也許會想：「好吧，那又怎樣？我不想針對想去的餐廳發表意見。我真的不在乎。」從你做一件事情的方法，就能看出你做每件事情的方法。你在人生中所做的微小決定，反映出你是怎麼做重大決定的。猶豫不決的嚴重性也許被淡化了，但它不是一種無人受害的罪行。若是猶豫不決真可能扼殺每一件對你來說重要的事情呢？猶豫不決不是無害的小問題，它有能力榨乾你的靈魂。

有一種選擇的毀滅性就跟猶豫不決一樣，那就是不良的選擇。在下一章，我們會探討不良選擇的特徵，以及為什麼會發生這種事。

第2章

為什麼會有不良的選擇

「噢，我老毛病又犯了！」[1]

那不只是小甜甜布蘭妮的歌詞，那是我們許多人在一次又一次做了相同的不良選擇之後的熟悉感。從錯誤中學習是常識，記住那種痛苦，下次要做得更好。但是尼可洛伐（Nikolova）、藍伯頓（Lamberton）和郝斯（Haws）（2016）發現，較常想起失敗經驗的人，實際上更容易再次失敗。[2]這多麼違背我們的直覺呀！我們批評和處罰自己，是希望能夠從痛苦中學習，但是不知怎麼地，那是一種徒勞無功的策略。很多時候，自我責備只是刺激出我們的低自尊，然後低自尊又導致更差的選擇，形成痛苦的惡性循環。對於許多人來說，問題不在於缺乏認知，在於無法了解和破除這種惡性循環，進而一次次地做了相同的蠢事。你曾經感受過這種災難性的後果，你知道事情的結局，但現在，你又處於同樣的局面裡。

傑克剛剛離婚。身為兩個孩子的父親，他失去很多東西。傑克知道酗酒在法庭上相當不利，本該戒除酒癮才能爭取到孩子的監護權，而他的前妻只顧著黏著新男友，忽略了孩子。但是，他發現自己又盯著常喝的三得利威士忌酒瓶，當痛苦太大時，壓力襲來，酒精能夠給他情緒上的舒緩。但是痛苦就是那麼令人無法忍受，嗜酒的衝動一直作祟。「也許就一杯，我該喘口氣，今天我已經忙了十二個小時，我要放鬆一下。」不知不覺中，傑克把瓶子裡的酒都喝光了，不記得最後是怎麼倒在地板上不省人事。故態復萌，他討厭自己喝酒，但卻發現自己一犯再犯。

在最後一章，我們要探討猶豫不決和為什麼人們在面臨選擇時會裹足不前。會造成傷害的不只是猶豫不決，做出不良的選擇也會毀掉一個人的未來。這些選擇可能太草率，那種心態是：「算了，反正我要辭掉這份爛工作。」在自我正義的怒火中，你咒罵老闆，享受五分鐘的滿足，然後當你需要前雇主的推薦信的時候，只能深深的懊悔。這種不經思考的選擇是受情緒強烈刺激。「如果感覺對了，那就一定是真的，所以真正的我應該依據那種感覺來做事。」這些選擇往往「感覺」對了，直到現實甩了你一巴掌，結果你陷入更糟的境地。

不良選擇的極端例子是人們感到太過絕望，自殺似乎是解脫的唯一方法。當凱文・海因斯（Kevin Hines）和肯・鮑德溫（Ken Baldwin）跳下金門大橋的時候，他們對自己的選擇立即後悔了，即使他們正在墜落。幸運的是，他們生還了，並且把自己的故事告訴人們。[3] 從那座橋跳下去自殺的其他人可沒那麼幸運，他們最後是頸部以下癱瘓，但仍然活了過來。根據《新英格蘭醫學雜誌》，百分之三十到八十企圖自殺的人是出於衝動，而曾自殺但未遂的人，百分之九十不會再自殺。[4]儘管人們希望痛苦或問題消失，但自殺不是解方。

我們明知道有些選擇不好，但似乎就是擺脫不了。布魯斯表面上看來是那種一切都好的人，他和摯愛的妻子結婚，有兩個乖巧的孩子，擁有好幾個賺錢的事業，有一棟房子以及一群知交。布魯斯顯然實現了美國夢，得到大家的敬重。但是布魯斯也有不為人知的私生活，每隔幾天，他就會和一些老朋友大玩派對遊戲。剛開始只是小酌，但後來變成狂飲和吸毒。布魯斯覺得在這些老朋友面前需要維持一種「嬉皮笑臉的風趣人物」個性，但是夜晚的狂歡帶來宿醉，讓他隔天像個廢人似的。太太對他的行為不安，就差幾個不好的選擇，他的婚姻就完蛋了。事實上，布魯斯付出了很大的努力才擁有如今的成功，但是他仍然覺得生命裡好像缺少了什麼。派對就是他為了滿足刺激的需求而做的嘗試，不過他似乎無法戒掉這種惡習。他對「自由」的努力，只讓自己更挫折和空虛。

傑克和布魯斯知道他們的習慣對自己沒有好處，他們都想破除惡性循環，卻還是一直做出引導他們走上舊路的不良選擇。在較輕微的程度上，這也是我們的故事。我們都有壞習慣，知道有些事情是不好的，但還是繼續做。〈**箴言**〉**26:11** 的作者對這種情況做了很好的闡釋：「愚昧人一再重複他的愚妄，正像狗轉過來，吃自己所吐的。」有些人也許稱之為上癮，然後說是情不自禁。我沒有要低估上癮的問題，它是一種牽涉到大腦的生物性因素。但真相是在有些情況下，理由並不重要。即使你對不良選擇有最正當的解釋，但它與結果何干？你還是要付出代價。

在這一章裡，我們要針對一個很重要卻難以回答的問題：「為什麼人們做出不良的選擇？」去探討許多可能原因，且沒有單一解釋能夠通盤回答這個問題。不良的選擇來自於許多因素，有環境的，也有心理的。我在接下來的內容裡會列出最重要的一些因素。你可以一邊讀，一邊找出與自身情況有關的原因。記住，覺悟是邁向改變的第一步。

心理需求

所有的人都有需求。在我們畢生的事業中，有必須實現的正當需求，但是也有弊多於利的「偽需求」，而偽需求會導致不良的選擇。我在克萊梅合夥企業（Klemmer and Associates）所舉辦的領導技能訓練營裡，第一次聽到這種「需求」，真的改變了我的觀點。現在我要和你們分享。根據布萊安・克萊梅（Brian Klemmer）的見解，讓人陷入困境的心理需求有三大類：[5]

1. 需要證明自己是對的

這是一種強烈而糾纏不休的力量，一直驅使你講出為自己爭一口氣的話。這種需求是在說服別人或向別人證明自己是對的，而他們是錯的。這是一種不健全的驕傲。有時候，你知道自己是對的還不夠，你希望**別人**承認你是對的，這便是大多數爭論和吵架的核心。「我是對的，這是看待事情的唯一方法。」需要證明自己是對的，造成了友誼的破裂、離婚的開端，甚至觸發了世界大戰。你曾經和配偶或朋友吵架，選擇好幾天不和對方說話，到後來卻忘了爭執的原因嗎？我們渴望自我版本的正義，付出的代價就是情誼。

2. 需要保有面子

當然，你可以說這是一種虛榮，但是它和不健全的驕傲是不同的解釋。有些人寧死也不願公開演講，為什麼？他們不想讓人覺得自己很蠢。就是這種社交不認同和排擠，使人們做出各種違心之論的選擇，企圖得到別人的接納。社交媒體充滿了這類案例，人們貼出他們想讓別人看到的照片，以討人喜歡的形象標榜自己，甚至到了照片顯然是經過修圖和造假的地步！

保有面子使人們呈現不真誠的一面，而且成了不可或缺的要素。提摩西・凱勒

（Timothy Keller）寫道：「如果有人深愛著你，卻不了解你，這種愛雖然舒服，但很膚淺。如果有人了解你卻不愛你，這是最可怕的事。但是如果有人十分了解你又能真正愛著你，那麼，這便很接近上帝的愛。這種愛比什麼都重要，它卸下我們虛偽的面具，使我們放下自我正義而變得謙虛，為生活中可能遇到的任何困難鞏固了我們的心理防禦。」（2016）[6] 我們都希望以真正的自我被看見和被愛，但是我們太害怕，萬一人們知道了真正的我們，反而會被排擠。這正是人們不敢站出來，希望在人生大部分的時候不被注意到的原因。

3. 怨忿、抗拒、復仇的循環

每當有人冒犯我們的時候，我們便陷入這種毀滅性的循環。這源自於對正義的合理需求，但是卻用了不健全的方式去表達。舉例來說，一個員工在會議上受到經理羞辱，他忿恨不平，但是不想說出來，因為會失去這份工作。在潛意識裡，他開始在工作上鬆懈，然後產生情緒疏離。他會想辦法避開經理，當他們碰巧遇見時，他會刻意看別的地方。他的怨忿隨著時間而增加，他不禁覺得，經理不管從哪方面看都是壞人。有一天，他發現經理在附近的一條小巷裡被搶劫了，他不但沒有報警，反而轉身離去，因為他想：「經理終於得到報應了。」當他得知對方身受重傷時，內心充滿了罪惡感，懷疑自己為什麼會變得那麼冷漠無情。有意或無意地假正義之名而行事，會讓人們的生活落入怨忿、抗拒、復仇的循環之中，於是他們就一直受到消極的驅使。

愛欲與死亡

促成不良選擇的還有其他的內在力量。西格蒙德·佛洛伊德（Sigmund Freud）有個理論是，人類有生（愛欲）與死（死亡）的本能。[7] 儘管這個觀點並未得到太多科學證據的支持，但是它很清晰地描繪了人心的內在衝突。佛洛伊德假設，生的本能促使我們活著、尋歡、繁衍。我們能夠經常意識到這些生的本能，並以自我保存本能之名，行「自私」之實。

佛洛伊德也提出一種受到死亡驅使的對立力量，而且大多是不知不覺的。這種力量可能呈現為對他人有破壞力的傾向（例如，攻擊、施暴），或可能展現出對自己不利的行為（例如，飲酒過量、混亂的性關係、危險駕駛、自殺）。當生活艱困的時候，死亡本能特別正常。它是一個全世界所有的宗教和存在哲學裡的普遍主題。我承認，在壓力很大的時候，腦子裡會閃過這樣的念頭：如果我的人生就這樣終止了，便得到平靜。你可以想像得到，死亡對於某個在絕望和自殺念頭中掙扎的人來說，它的吸引力是多麼地強烈。

這種本能可能在不知不覺間引導人們做出不良選擇。它使我想起一位六十歲的病人茉莉，她被診斷出罹患憂鬱症，而且大部分的人生都被糖尿病糾纏著。她並不是真的想死，但是也不是真的想活下去。死亡帶給她的慰藉是不用再提到她的胰島素。她的想法是：「如果離開的時間到了，我沒有牽掛。」

假定的未來

人類是趨向於投機，所以很自然地，我們會試著策劃出更好的做事方法，使行動發揮最大效能。在這種情況下，我們會事後揣測自己的選擇，或是想像另一種未來和可能性。夏克特（Schacter）、貝諾伊特（Benoit）和史普納爾（Szpunar）（2017）把情節性未來思考定義為「想像或模擬事件在一個人的未來可能如何發生的能力」。[8] 夏克特和艾迪斯（Addis）（2007）提出，具建設性的情節模擬假定是人們利用從前的經驗和概念去創造未來的模擬情況。[9] 那就像是我們的大腦在想像比自己實際上得到的更好的結果。

當我們的大腦基於幻想——並非事實——而得到更好的結果，這就變成一個大問題。記憶是流動的，人們可以輕易地錯記事件或錯歸原因。以我為例，我坦白：有時候，我對前女友會有些胡思亂想。我不禁猜想，她們現在好不好？如果我跟她們結婚而不是跟現在的妻子結婚，人生會是怎樣？對我來說這很荒謬，因為我對太太的愛是很強烈的，我不會想和別人在一起！但是這種對「更美好的未來」的幻想存在我的潛意識裡，我所做的選擇也許是基於不正確的資訊，然後我的情況會更糟。常聽過男人歷經中年危機的故事，他們跟太太離婚，然後跟二十來歲的祕書在一起，之後又後悔了，因為他們膚淺的假設並未造就更深刻的成就感。

人們並不能準確預測未來，因此往往由於「萬一……」而做出不好的決定。心理學家丹・吉伯特（Dan Gilbert）和堤姆・威爾森（Tim Wilson）研究人們做情感性預測的趨勢（預測假如發生了什麼好事或壞事，人們會有什麼樣的感覺），而預測往往是不準確的。[10] 一般的趨勢是，人們對好東西的「好」，感覺不會持久，對壞東西的「壞」，感覺也不會持久。較普遍的例子是：贏得樂透彩，在一場意外後癱瘓，副教授得到終身聘任；他們都在很短的時間內回到一般的快樂基準上。問題是，許多人太著重於自己對特定事件的感覺，因此在關鍵時刻沒有做出重要的選擇。事實上，許多人在心裡創造出最糟糕情況的情節，然後就好像它已經發生了那樣地去回應它。我們胡思亂想自己的行為會徹底失敗，情況會變得多糟。或是如果我們真的向自己關切的人坦白事實的話，會發生令自己後悔莫及的事。所以，如果我們那麼不擅於預測未來的話，還要基於這些預測來做選擇嗎？或許不要。

自我破壞

自我破壞是人們有意或無意地顛覆自己的成功，這種事除了自己不能怪誰。自我破壞的行為就像是我們故意做出不好的選擇來傷害自己。想想一句老話：「我是自己最可怕的敵人。」難道不是嗎？我們對自己所做的不必要批判，比對朋友還要刻薄兩倍。這種自我破壞的違背直覺的現象，發生在我許多客戶身上。他們在一開始做出好的選擇，嚐到甜頭，但是最後走錯一步，把一切都搞砸了。舉個例子，想想我們的朋友傑克。他最後從酒精中清醒過來，在工作中是上司考慮提拔的人選，但就在面試的前一晚喝得大醉。聽起來很熟悉嗎？我們心中不禁浮起一個很重要卻很難回答的問題：「為什麼？」為什麼理性、渴望幸福的人會阻止自己得到成功？更糟的是，為什麼人們是自己不快樂、摧毀健康的關係、失去工作，然後失去他們所珍視的一切的根源？

很顯然，這是一個複雜的心理學問題，不會有簡單的答案。在我和無數客戶合作的過程中，我觀察到一些趨勢，或許有助於說明，為什麼有些人會做出不利於己的行為。

在潛意識中害怕成功

成功表面上看來很光彩，但那是有代價的。人們說他們想成功，但是他們言行往往不一致。我很喜歡一句俗話：「如果別人家的草比較綠，他們付的水費一定也比較高。」或是它的另一種版本：「只要付出了，總會得到回報。」

想想看，成功的意義對你來說是什麼？對許多人而言，成功也許代表著更富有、成就、認同和被他人接受。雖然成功看起來就像快樂的一種，但它往往伴隨更多的責任、要求和壓力。領域增加了之後，為了處理那些增加的部分，會產生更多令人頭痛的事，損失更多東西。人們往往相信，擁有十足的成功會帶來他們一直想追求的幸福和安寧，但真相往往相反：比較成功的人容易焦慮，而且疑神疑鬼地害怕失去它。演員金・凱瑞說：「我覺得每個人都應該有錢有名，並且做每一件他們所夢想過的事情，然後他們才會知道，那不是答案。」[11] 恐懼和不安全感常常為了避開和成功有關的負擔，而導致終止成功的行為。有些人拒絕成功和故意失敗，對他們來說，這樣才能跳脫出永無休止的競爭。

就某些方面而言，人們害怕成功是因為有權力做主感覺很陌生、很可怕。知名作家瑪莉安・威廉森（Marianne Williamson）有段至理名言：

我們最深的恐懼並非我們不夠格，而是我們擁有無法度量的力量。最令我們害怕的，不是黑暗，而是光明。我們自問：「我憑什麼優異、傑出、才華橫溢又出類拔萃？」事實上，你憑什麼不？你是上帝之子，你的小格局並不能造福世人。畏畏縮縮一點也不能看透事理，而唯有這樣，你身旁的人才不會覺得你不可靠。我們都應該像孩子一般光彩耀眼，我們生來就是要展現出深藏於我們內在的上帝光輝。它不是只存在於某些人身上，而是存在於每個人身上，當我們讓自己的光芒閃耀時，便在無意間拋磚引玉。當我們拋開自己的恐懼之時，我們所呈現的自信風采，也令別人不自覺地拋開他們的恐懼。[12]

這就是接納真誠的力量——選擇不自我破壞，才能切實地實踐成功。

失衡和失敗好像是正常的

許多人的成長環境中，身邊不乏心靈上受傷的人，而那些人也反過來傷害他們。傷害的程度從忽視到暴力虐待都有可能。有過那種經歷的人，往往把那些經驗視為「正常的」。他們習於關係失衡，並且學會在那些壓力下倖存。對於不健全關係的調節控制中，有一種很弔詭的錯覺：「我很熟悉不良行為，而且懂得如何應付。」當同一個人遇到一個健全的人或環境時，便產生了一種全新的痛苦，因為「就是感覺怪怪的」，好像喪失了控制能力似的。人們會不經意與有害的人交往或友好，且疏離健全的人，然後把自己再度推向熟悉的環境中……最後對自己造成傷害。就像愛爾蘭的一句諺語：「跟認識的魔鬼打交道，總比跟不認識的魔鬼打交道好。」[13]對於未知的恐懼，使人們放棄創造更好的機會，轉身投向熟悉的失衡關係中，即便知道它會帶來痛苦。

缺乏自愛與接受度

自我破壞的行為可能也源自於討厭自己。負面經驗加上自責，可能產生一種普遍的「始終不夠好」的感覺。常常覺得自己沒價值，會產生一種內在訊息：「我不重要，所以我配不上好東西。」人們做出這種定論，是因為他們對表裡如一有強烈的需求。這表示，他們內在的感覺需要符合外在的現實。如果有不符合之處，某些事情就必須有所改變，才能重新取得表裡如一的一致性。舉例來說，一個在自我認知上觀念健全的男孩，有人跟他說：「你是個失敗者。」男孩也許被苛評傷害了，但是他能告訴自己：「那不是事實，很明顯，她是個刻薄的人。」他的自我知覺很正向，所以她的負面評論不符合他的內在現實。他的結論是負面的外在回饋是與討人厭的人相呼應的，於是他不再和她互動。假如這個男孩的自尊比較低，被說是失敗者之後，就會不愉快。因為她突顯的正是他相信自己擁有的弱點，所以他產生了持續性的情緒傷痛。相似地，不愛自己的人無法長久享受正向的經驗，因為外在的現實並不符合他們對自己的不良觀感。不經意的自我破壞的想法和行為，創造了符合他們內心世界的負面性。

躲避不舒適

享受當下的滿足和逃避不舒適，也可能導致不良的選擇。我有一名客戶戴娜，工作上的壓力非常大。她是一家會計事務所的經理，精於財務金融。戴娜沮喪於自己無法做出健全的選擇，她待在家裡的時候浪費了許多時間。我們進一步探索她的生活時了解，她會逃避任何讓自己不舒適的事情，幾乎是每件事：郵件堆放在桌子上，水槽裡的碗盤都快滿出來了。她的理由是：「我已經工作一整天了，待會兒再處理吧。」「待會兒」從來沒到，直到她的男友生氣了。戴娜一直擱著那些家務，花無數的時間吃零食或是滑手機看社群媒體。她逃避運動，吃垃圾食物，因為那樣既輕鬆又舒適。儘管她理性的頭腦告訴自己成熟些，但是似乎就是無法做出有益於她的選擇。

許多不良的選擇都是在情緒上處理不當的結果，最後造成人際關係破裂。問題往往引起失落感，像是無力感和焦慮。在沒有全面了解原因的狀況下，有些人為了避開不舒適而不主動選擇「有影響力」的行動。有多少人在冷靜下來後，後悔於自己的所做所言而顯得憤怒？依據我們的感覺而活著和行動才是「真我」，這是一種沒根據的理論。把情緒當作行事可靠的唯一指標，就像古老的印度寓言「瞎子摸象」一樣。每一個盲人只摸到大象的一部分（粗糙的軀幹、毛髮蓬亂的尾巴、軟趴趴的耳朵、光滑的象牙），然後根據摸到的部分來描述整隻動物。[14]這是滑稽可笑的，因為每一個盲人對於他們摸到的部分都是對的，但是對大象這種動物的觀點卻是錯誤的。情緒只是整件事情的一部分，雖然是很重要的一部分（這就是我用第五章來專門探討情緒的原因），但是還不足以做出最好的選擇。

害怕損失

一般人都會避開風險，也就是說，他們的選擇會傾向於最小的損失，就跟猴子一樣。陳（Chen）、列克許米納瑞亞南（Lakshminarayanan）和山度斯（Santos）（2006）發現，捲尾猴天生就懂得如何避免損失。在一項實驗裡，研究人員給一隻猴子一枚代幣來換取蘋果片。如果把代幣交給女性實驗人員，她會給猴子一片蘋果；如果把代幣交給男性實驗人員，他會拿出兩片蘋果，但是從盤子上拿走一片，然後把剩下的一片交給猴子。其他的猴子看到，一枚代幣都只能向兩位實驗人員換取一片蘋果。按道理，猴子應該不在乎跟哪一位研究人員做交換，對吧？錯了，百分之七十九的猴子都選擇和女性實驗人員交換！[15] 我們也會根據感覺上的損失來做選擇，即使並不符合客觀上的道理。

社會心理學界定出一些使我們避免必要風險的人類傾向。丹尼爾・康納曼（Daniel Kahneman）、傑克・克耐奇（Jack Knetsch）和理查・塞勒（Richard Thaler）也指出一些認知偏見，比較容易讓人表現出不理性的一面。舉例來說，人們會傾向把他們已經擁有的某個東西的價值不理性地放大，因為他們對所有權有情緒依附，這就叫做稟賦效應。事實上，人們失去資產時的痛苦，會比他們第一次得到它時的快樂大上兩倍。康納曼的實驗闡明了這點。他和研究人員把實驗參與者分為買家和賣家，他們把馬克杯拿給賣家，問他們要用多少錢出售。康納曼的團隊發現，相較於買家眼裡的馬克杯價值，賣家所設定的價格比較高。框架效應是比起負向的框架，當情況被設定在一個正向的框架裡，人們比較願意承擔風險，儘管給他們的訊息是一模一樣的。舉例來說，人們比較可能支持從一百個人中救活九十個人的機會，而不願冒著一百個人中可能有十個人喪命的風險；或是同意使用百分之九十五有效的保險套，而不使用百分之五沒效的保險套。有趣的地方是，框架效應會隨著年齡增長而增加，因為人們會逐漸逃避風險。最後是典型的厭惡損失，與其去爭取價值相等的東西，人們寧願努力避免損失。與稟賦效應相似的是，人們在失去時的心理痛苦是獲得快樂時的兩倍。[16] 舉例來說，特沃斯基（Tversky）和康納曼讓受試者選擇接受擲硬幣的打賭。如果背面朝上，受試者輸一百元，如果正面朝上，受試者贏兩百元。雖然機會是一比一，但是人們需要有一倍半到兩倍的報酬才有參與打賭的動力。[17]

有可能輸的時候，人們可能變得相當不理性。大腦努力使我們避免任何想像得到的損失，即便損害獲利的可能性。看起來，任何型式的改變都被慎重地解讀成「不好的」，吻合了伯特．蘭斯（Bert Lance）的名言：「假如沒壞就別修理。」[18]人們不想讓事情愈變愈糟，這就是阻止我們做出所有可能改變的選擇……即使是好的改變！過著逃避不舒適的生活，並不是舒適的保證。東西壞掉的時候，也許修理費貴得嚇人。沒有風險的生活，最後會導致平庸和不滿。

結論

如你所見，人們為了各種原因而做出不良的選擇。有些原因是覺察得到的，但是許多是不經意的。如果你希望別再做出不良的選擇，重要的是，要把那些沒覺察到的原因轉變成可覺察到的。人必須要有**覺察力**，我們無法擊敗隱藏在自己心中的

「怪物」。很多時候，怪物似乎來勢洶洶又很可怕，因為我們的想像力會創造「最糟情況的情節」，但往往與現實不符。藉著辨識出沒覺察到的障礙，並將它們轉換成可覺察到的，我們奮力一搏，仍有機會妥當地應付它們。即使**當**（並非**如果**）你做出另一個不好的選擇，仍然可以朝最佳選擇邁進一大步，那就是「刻意」去做。不再有意外，也沒什麼詫異，如《星際大戰》裡的絕地大師尤達所說的：「要嘛做，要嘛不做，沒有試試看這回事。」再也不會出現不良的選擇，我們打算做的是經過思考的選擇。是時候喚醒我們的力量，做個有覺察力的決策者。

記住，做出不良選擇的人並非有道德缺陷或人格瑕疵——那是技術上的失策。做出不良選擇的人，往往被視為壞人，或者人們會假定，發生不好的事情是他活該——像是因果報應嗎？我一點也不相信！不管好人或者壞人都可能發生壞事。好人也會犯錯。

研究學者發現，我們大多數的選擇都是在不經意間完成的。在某種意義上，所有的選擇都是「自動導航」的結果，除非我們故意做不同的選擇。不良的選擇可能是在未經覺察下進行的，我們不會因此變成壞人，也不因此表示我們活該。

相反地，那只表示我們可以做得更好。當人們**了解**得愈清楚，他們就愈可能**做**得更好。兒童心理學家羅斯．格連博士（Dr. Ross Greene）有一套哲學：「只要孩子會，他們就會盡力做好。」[19]我從沒見過一個小孩說：「好，讓我失敗吧！」每一個孩子都想成功。那為什麼他們沒有成功呢？根本的哲理是小孩之所以不成功，是因為知識或技能上的欠缺或差距，阻礙了他們想成就的事情。這跟不良選擇是一樣的道理，人們之所以缺乏做出最佳決策的技能，是因為缺了「架構」。在後面的章節裡，我會教你使用「架構」的技巧，你就能成為最佳的決策者。從字面和象徵意義上來說，你的人生就靠它了。

第3章

違心之論的選擇，其代價之高。

我看著爸媽，給了他們一個裝出來的微笑。我知道那樣不對，但是我發現自己那麼做了，一次又一次。到最後，連我都快不認識自己了。我為了獲得他人認同而做的選擇，付出的代價是正直的個性。我的選擇不再真誠可靠，我失去了對自己的尊重。

一切都因莎莉而起。我在高中的時候遇見她，她來自另一所中學，是我演說及辯論課裡某個同學的表姊妹。當莎莉走進教室時，世界似乎都靜止了。她的魅力和自信就像火焰吸引飛蛾一樣地吸引我。莎莉漂亮、甜美，也很聰明，她甚至有自己的車子！我肯定想跟她交朋友。我們一拍即合，那種化學作用好強烈。電話中，她跟我說：「如果我們不正式交往，就不要再繼續聯絡。」我一直幻想著邀請女孩出去（我知道這很老套），但是現在突然覺得邀她出去頗有壓力，那不過是我們第二次聊天！但是我不希望我們的互動就此結束，所以我答應當她的男朋友。

然後，我正直的個性從此被挾持到墮落的道路上。莎莉很體貼，常常用浪漫的舉動給我驚喜，像是在我的衣物櫃裡放小紙條或者送禮物給我，然後以退為進地告訴我，我也要這麼做。我需要用浪漫的行為去證明我對她的愛，這讓我再度感受到壓力。期望似乎一次比一次提高，這種關係開始變得像是例行事務，當我努力想著下次要怎麼做時，我會焦慮。不管我怎麼做，在她看來似乎都不夠好。

然後莎莉開始逾矩了。她會「要求」我們兩個都知道是不對的事。她要我溜出家門看日出，又要我出去晃晃，然後到她家裡「讀書」。我們逾越了身體接觸的範圍，莎莉也欺騙了她的爸媽。一旦我們開始欺騙父母，就再也停不下來。我承認那很刺激，但簡直是犯罪行為。扼殺我心靈的是我對父母的背叛。我父母十分信任我，從不質疑我。以前我也把自己視為一個正直的人，但今後再也不是了。我的罪行吞噬了我，我的心變得麻木不仁。我知道這樣的關係不再健康，但是我沒有結束它的勇氣。

有一次，我們的關係差不多快要完蛋了。當時莎莉要我到她家過夜，她爸媽出遠門，我也為了想到莎莉家而說謊。長話短說，幾天後，她妹妹向她爸媽告狀，於是我們被逮著了。她的爸媽要求登門道歉，我爸媽必須和我一起去，我感到十分丟臉和羞恥。大人要我們分手，我們照做了，但是一個月後又復合。

最終，她還是跟我分手了。老實說，我有點鬆口氣，但是她的理由讓我很震驚。她結束了我們的關係，因為「我說什麼你就做什麼」。我相當困惑，我為了取悅她而拋開自己的道德規範，但竟然是我的錯？她坦承：「我知道我的點子有些瘋狂，但是你從不制止我。」事後看來，我了解她的意思了。我是她屬意的人，但是她無法信任我能保護她和做正確的事。我盡一切努力不讓她失望，甚至拋棄自己的正直，但仍然失去這一段關係。

有時候，我們會為了聽話而感到壓力，為了得到別人的認同而做他們想要的事。不想引起衝突，無論如何要維持和諧氣氛。然而隨著時間過去，你喪失了判斷力，自信被腐蝕，不再能夠分辨自己和別人的意見，這就是你為別人而活的後果。柏拉圖相信，「未經審視的生命，不值得活」。[1]為什麼呢？因為你不再是自己人生的領航者，而是乘客。我們的人生變成自動反應的累積，不再為自己著想。你要怎麼過著不快樂又無法實現自我的生活？答案是靠著別人的認同。你人生的目標也許來自於爸媽或社會標準，但那真的是你想要的人生嗎？

想像你最想要的東西就在城堡頂端，你把長梯靠在城堡的牆上，開始往上爬。經過多年的血汗和淚水，你終於到達了頂端，卻發現：「爬錯城牆了！」多麼可悲啊，就像辛苦爬上喜馬拉雅山的登山者，驚訝地發現，山頂的雪和山下的雪是一樣的。許多名人和運動員在獲得名聲和財富之後變得憂鬱，因為那些東西並未帶來成就感，那不是他們真正想要的。追求那些事物對你來說意義並不重大，但你永遠失去的是什麼？為了追求而付出的時間和精力，那才是重點。如果你在攀爬的起點就能夠分辨正確的目標，情況會怎麼樣？即便你要多花些時間分辨清楚，但能夠避免好幾年徒勞無功的努力，難道不值得嗎？你要做得更聰明，而不是更努力！在人生中弄清楚什麼對你來說才是重要的，是做出最佳選擇的必要條件。

違心之論的選擇（和你的本質和重視的東西並不一致的選擇）的代價，就是過著沒意義的生活。有時候人們只追求小目標，因為那很容易，卻限制了他們的潛力。這就是「安全為上」或「不輸則為贏」。儘管對於自己目前的位置並不滿意，大多數人還是固守著自己所知道的。我最喜愛的髮型設計師描述了這種心態，他手藝高超，但是一直在一家薪水低到過分的公司裡工作。我是怎麼知道的？我每次剪頭髮的時候都聽到他抱怨。那他為什麼還留在那裡？他說：「至少我知道薪水有保障，我的家人也有健康保險。」很顯然，他的薪水根本沒受到保障，因為他工作的時數並不固定！當我們談到自己開間美髮沙龍的時候，他舉出所有不可行的理由。「找地點很難，店面租金太貴，萬一客源不夠怎麼辦？」這些擔心都是有道理的，但是他連試都沒試過！冒險去追求一個解決方式可能很有壓力，但諷刺的是，設定的標準比較低，似乎沒有讓生活的壓力變得更小。

我記得客戶裡有一個叫做席德的十八歲男孩。他在辦公室裡總是對我恭恭敬敬的，而且是個能言善道的人。他告訴我自己的規劃，完成高中學業，參加海軍，考取駕照，然後搬出爺爺奶奶的房子。奶奶要他來接受輔導，因為「他辜負了自己的潛力」。她是對的。席德有完善的規劃，但是他在生活型態上的選擇帶來了相反的結果。他因為攜帶刀械到學校而留校察看，但是他好像不在意。席德滿口答應要遵守合理要求，像是保持房間整潔、不嗑藥和在門禁之前回家。但相反的是，他把房間弄得跟垃圾堆一樣，晚歸，還做出各種失禮的事情。他會守規矩一週，之後好幾週又變壞了。席德會和奶奶討價還價，或是怪奶奶太容易生氣。很令人困惑嗎？沒錯。除了讓奶奶心灰意冷之外，他最後也傷害了自己。他仍然陷在家裡，繼續留校察看，距離自己的目標更遠了。席德驕傲地說：「我自有主張，沒有人能告訴我怎麼做。」他過著表裡如一的生活嗎？我對表裡如一的定義跟正直很像，你的內在現實要符合你的外在現實。換言之，你說你想怎樣，和實際上是怎樣得要名副其實。如果你發現情況不是如此，要問自己的下一個問題是：為什麼會出現差距？

席德的故事為我們提供了答案：那是競爭承諾的表現。我相信所有的人都是盡心盡力的。為什麼我會那麼說？因為每一天，人都會貫徹一些決定，我們做的每一件事都是根據某種形式的選擇和決策。但真正的問題在於：你會堅守你的**口頭**承諾嗎？對於不良決策者來說，答案通常是否定的。

我們假設你常常遲到。你想八點準時上班，但不知怎麼地往往八點半才到辦公室。確實，有些不在你掌控中的外力，像是交通狀況、不小心打翻牛奶和其他的困難等等，但實際上是，你優先考慮其他事情的順序甚於準時。事實是，你並不是**真的**想在八點鐘上班，因為那不是首要任務。如果你真的想在八點以前到達某個地方，你就會做到！你有更致力完成的競爭承諾，那可能是再睡個十分鐘，也許是把最後一刻的雜務做完，或是清理剛剛打翻的牛奶。除了八點準時上班以外，你「選擇」去做任何事，那就是你的競爭承諾。這樣錯了嗎？不見得。遲到也許壞了你的名聲，讓你被開除，但是那不會使你變成「壞人」。真正的問題是：遲到真的是你的選擇嗎？答案是肯定的。那也許不是你的本意，但它絕對是你的選擇。

簡單地說，你的選擇可以分成四大類：真正的選擇、虛假的選擇、否定的選擇和避免選擇。**真正的選擇**是不管個人或社會結果如何，根據自我核心價值觀的決定。**虛假的選擇**是不管你是誰和該怎麼表現，由他人意見支配的決定。**否定的選擇**是否定現實，導致你根據自己幻想出來的情節而做決定。**避免選擇**是放棄生活，不再積極做選擇。

哪一種決策模式最能引起你的回應？虛假的選擇、否定的選擇和避免選擇都是阻止你過著真誠生活的障礙，我的「架構」就是要幫助你做出「更好」的選擇。最佳決策者會做出真正的選擇，但結果並不是其自動產生的，而是始於**想要**做出真正的選擇。

許多人相信，做虛假的選擇或避免選擇，比做真正的選擇還要簡單。他們認為順應他人、不要為自己想要的挺身而出（甚至是確認自己想要的），比為了真誠可靠的生活而奮鬥容易多了。但是那麼做，可能造成深藏的不滿更加根深蒂固，因而帶來可怕的後果。在絕望時刻，自殺的念頭對我來說是正常的。別誤會，我不相信自殺是解決問題的方法。事實上，它也許是任何人都可能做的最糟決定。但是當人們一直處在不足和不安的狀態時，會不自覺地動念了結自己。我曾坐在一個房間裡，聽人們講述無數個掙扎著想自殺的故事。雖然理由百百種，但是論調都是一樣的。在許多案例中，自殺的根源是絕望，人們深深感覺和相信事情不會有所改變。有自殺念頭的人往往並不想死，死亡的景象把他們嚇壞了！他們都知道，自己想死的決定既自私又會傷到摯愛的人，但那些事情似乎都不重要了，因為生活已經可怕到他們無法承受的地步，活著就是一種痛苦。人生充滿了罪惡、羞恥與疏離感，空虛和悲傷毒害了他們的感受。假如人生繼續這樣下去，看來也不值得活著，他們不想再受苦了，死亡可以終結現況。當人生對你或其他人來說不再重要時，還活著做什麼？那就是違心之論的選擇的高度代價，它讓人們過著名不符實、失去信心的生活。我們要怎麼破解活下去的難題呢？答案是做出讓你實現自我的可靠選擇，活得名符其實。趁著還來得及的時候，你需要了解真正的自己，過著表裡一致的生活。

結論

我們都希望自己過得好。要達到這個目的，我們必須發掘自我，活得充實。有些人並沒有設法做到，等到臨終前才深深懊悔。記住，不管你只是單純地活著或是充實地活著，將來都不免一死。每個人都會死，但並不是每個人都能真正地活著。

布朗妮・維爾（Bronnie Ware）是安寧療護的護理師，寫過一本書叫做《和自己說好，生命裡只留下不後悔的選擇：一位安寧看護與臨終者的遺憾清單》。她因緣際會成了安寧護理師，而病人在離世前的幾個月和她分享人生故事。她發現人在臨終前有五種最後悔莫及的事：

1.「我希望有勇氣活出真誠的自己，而不是為別人的期許而活。」

許多人承認，他們並未實現各種夢想，甚至一輩子也不會嘗試。他們意識到恐懼或忙碌主導選擇的程度，已經到了讓他們忽略自己夢想的地步。當健康開始退化時，一切都已經來不及。

2.「我希望我沒有過於認真工作。」

在維爾的研究中，每一個男性都有這樣的遺憾。老一代的男性是家裡唯一的經濟支柱，工作變成他們主要的身分象徵，代價是犧牲和孩子、伴侶的相處時間。他們努力工作，盡可能賺更多的錢，卻未曾想過縮減工時，和家人一起享受財富。

3.「我希望有勇氣表達自己的感受。」

人們往往壓抑自己「不適當」的感覺來維持和諧，造成平庸的生活以及未能表現真實的自己。這些被壓抑的感受往往導致了苦惱和怨恨，缺乏溝通令別人無法了解他們的情況，而他們也從不覺得自己受到重視。未實現的事情，統統變成了人生中的遺憾。

4.「我希望能跟朋友保持聯絡。」

在忙碌的生活中，我們可能太過於注重自己的目標，以至於忘了維繫重要的人際關係。當他們在面對死亡的時候，少有朋友陪伴，於是獨自度過餘下的時光，沒有關愛的人在身邊。最後，孤寂地離開人世。

5.「我希望自己能過得更快樂。」

快樂往往是就在我們眼前的正確選擇。許多人並不允許自己快樂，直到完成了某種「值得的」事情。或者他們太依賴既有的習慣，相信「最好也不過如此」。兩者都不對。忘記如何歡笑的人會變笨，因為快樂本來就是對未來的展望。[2]

哇，花點時間讓這些遺憾沉澱在你的意識裡。這些遺憾有多少引起你的回應？真正的問題是：你想毫無遺憾地度過此生嗎？是的，你一定要這樣想。智慧來自於別人錯誤中的教訓，而不是從吃苦中獲得的教訓。太多人在能夠從智慧中學習的時候，卻從痛苦中吸收。當這些病人體會到真實生活的真理時，已經太晚了。好消息是你不用抱持這些遺憾！對你來說，一切都還來得及。你的日常選擇可以決定自己要成為什麼樣的人，決定你的人生軌道。你可以透過一種叫做「架構」的優化程序，學習做出可靠和最佳選擇的技巧。

第4章 讓你面面俱到的架構

飛行員和外科醫生有什麼共同點？他們都有高超的專業技能，但是在執行任務之前，都要先遵守簡單程序。飛行員接受美國聯邦航空總署的指令，要完成手寫的「起飛前」和「著陸前」檢查表，而外科醫生必須檢查工作清單，確定做好手術前的準備，包括洗手。

這也許看起來很奇怪，畢竟許多飛行員和外科醫生都有幾十年的經驗了，隨著科技的進步，飛機都能自動駕駛了！「起飛前」和「著陸前」的檢查表包括看來很明顯的項目，像是確定無線電能運作、繫好安全帶，以及關閉停機煞車。但是從過往的經驗中可看出，可怕的意外發生於飛行員忽略這項飛行安全檢查之時。[1]

相同地，美國疾病管制及預防中心的研究發現，醫療照護提供者只有不到一半的時候會洗手——他們需要檢查表來提醒，而手部清潔是病人存活率的關鍵。一八四七年，伊格納茲．塞麥爾維斯醫生（Dr. Ignaz Semmelweis）發現分娩女性的高死亡率是出於醫生沒有洗手，然後把細菌傳給母體導致產褥熱。要求醫生清潔雙手之後，死亡率從百分之二十掉到百分之一。[2]

那麼，為什麼博學多聞的專業人員需要這些看似簡單的提醒呢？因為太熟悉會產生輕忽之心。他們對工作的熟悉度可能造成基本的錯誤，代價有時候就是別人的生命。

如果這麼聰明的人都需要檢查表來確保自己各領域中的成功，那麼我們有什麼理由可以豁免？不過，我們是優於那些規則的，而且自動導航一般的習慣會神奇地做出正確的選擇吧？這是妄想。懶惰的想法造成懶惰的生活。在進行下一步之前，我們也需要放慢腳步，再次檢查自己的想法。也許大部分時候，你不用檢查表也做了正確的選擇，就跟飛行員一樣，畢竟他們完成了大多數的飛行。但是，他們承擔得起一次失事嗎？你問問自己：「我能承擔多少次不良的選擇？」有很大的機會，你已經做過一些不良的選擇，而且那些代價遠超過你願意付出的。

歡迎你認識「架構」。「架構」就是暫停一下，用心做重要的思考。在做任何重要決定之前先暫停，做完五項檢查。它提供一個系統性方式，在決定一個解決方法之前先釐清問題。藉著「架構」，你能研擬一套脫身的計畫，利用具體的步驟為自己的最終選擇提供資訊。

首先，使用「架構」也許讓你覺得像在浪費時間。你或許會想：「五個步驟？

誰有那種時間？」不過，記住，不良選擇會令你付出更多時間和精力為代價。一定要先付出一些時間做出**良好的**選擇，不要為了**及時行樂**而自食苦果。使用「架構」是一種生活技能，就像所有的技能一樣——耍雙節棍、甩弓箭狩獵、駭入電腦——進步是需要練習的。當教練指導你如何投籃時，知道**怎麼**投籃和真正**投中**是兩回事。沒有人期望你在學習之後就能展現完美的技巧。如果你感覺這個「架構」程序礙手礙腳又不自然……很好，那表示你正在學習一項新技巧，並在成長當中。請繼續練習，目標是使「架構」成為自然地做選擇的方法。隨著時間過去，「架構」會成為你的第二天性，就像膝反射一樣，不需要我原本的問題提示，而會依據「架構」的原理來自動評估。「架構」的訓練會讓你養成良好的認知習慣。

有個常見的迷思是在發生問題或困難的時候，你一**定要**迅速做決定。是的，在某些情況下立即行動是必要的，但是我們大部分的決定都可以等等。暫停一下，慢慢地數到十。暫停一下，可能就是良好選擇和不良選擇的分別。把「架構」當成一場消防演習（但願你有在學校或工作場所做消防演習的經驗）。當警報聲響起時，孩子們應該**冷靜地**離開座位，排成一列，走到班級的預定地點；接著老師點名，確定班上的每位同學都到了。我們為什麼要做消防演習？答案是為了避免火災真正發生時的慌張和混亂而導致受傷，甚至死亡。在驚慌時，並不是產生創意和解決問題的好時機，人類的求生本能被觸發了，然後做出不經思考的選擇。消防演習的目的在於去除做選擇過程中的不必要思考，把重點放在幫助大家固守重要的事情。「架構」的目的也是一樣，當你感到緊張和壓力卻似乎需要做出決定時，「架構」能幫助你聚焦於一連串重要的問題上，弄清楚自己的最佳選擇。

美國陸軍在傳達資訊時也會做類似的事情，那就是「戰術狀況報告」。[3] 我在當兵的時候，要向指揮官簡短報告我們的作戰狀況。「戰術狀況報告」是一種相互了解的報告，能幫助同僚獲得一致的訊息，不遺漏任何細節。那種報告對任務來說要精簡、有效率，而且具決定性的作用。十六行字的報告中，每一行都含有一類資訊，是領導人做出最有利選擇的關鍵。舉例來說，第一行是日期和時間，第二行是報告單位，第十二行是情況總覽……等等。「架構」就是為你的大腦設計的戰術狀況報告。它刪除不必要的雜訊，讓你只專注在重要的資訊上。簡單地說，「架構」把整個情況的脈絡提綱挈領地點出來，使你在做選擇時能得到清晰的資訊。沒有把整個情況搞清楚的狀況下，僅憑著粗略的答案，幾乎不可能解決問題。

為什麼我們需要「架構」，現在已經很清楚了，那麼讓我們來深入探討它的內涵。「架構」中有五大檢核點：情緒、自我價值觀、他人價值觀、現實和勇氣。後面的幾章裡會詳盡探討「架構」，第五、六、七、八章和第十章各別探討一個項目，第九章會說明這些項目是怎麼聚集成一個應用性「架構」。而在探討細節之前，我想概略描述這些項目，讓你對整個情況的雛型有個概念。

1. 情緒：我現在的感覺如何？為什麼我會有這樣的感覺？

當我們遇到大事的時候，「感覺」容易成為經驗的首要資訊。假如有未滿足的需求或欲望，情緒會打信號給你：「注意！」我們常聽到有人說，不要理會「不適當」的感覺。有趣的是，被忽視的感覺並不會消失，這些被壓抑的情緒不管怎樣就是有辦法得到你的注意。於是，強烈的情緒往往在你不方便的時候出現，導致你做出不良的選擇。

情緒背後的原因也許不一定很明顯，這就是為什麼「架構」要先處理這項資訊的原因。但是記住，情緒只是整體中的一部分。人們往往感覺到什麼就立刻做出回應，結果是產生不良的選擇。你不應該只根據情緒來選擇，那就像用一千片拼圖裡頭的幾片來判斷整張拼圖的圖樣。「哦，我拿到三張連在一起的拼圖片，這一定是有海洋生物和美人魚的海景。」唔，那也許只是水族箱裡的場景，但也可能是天空、藍色T恤、藍精靈等任何東西。別讓情緒左右你對事情的看法，以偏概全。

2. 自我價值觀：對我來說，重要的是什麼？

自我價值觀是一種身分認同的問題。你是誰，為什麼這件事很重要？藉著揭露自我和找出對你來說重要的事，就可以省下很多時間做出良好的選擇。除非你在一週裡的每一天都是完全不同的人，你的價值觀才會不一樣。接觸新的經驗時，我們的價值觀也許會隨著時間而改變，但是不管環境如何變化，這些價值觀大體上是穩定的。價值觀是真誠生活的靠山或北極星，而最佳決定與你的價值觀密不可分。當你做出與自己的價值觀相互牴觸的決定，情緒便開始傳遞怨忿、絕望和挫折的訊號。坦誠面對自己和認清自己的道德觀，可能需要花點時間，不過這是你能為自己做的最好投資。然後你會遇到與個人價值觀相衝突的情況，但是兩者必然不可兼得。這時候，他人價值觀和現實因素就扮演了至為重要的角色。

3. 他人價值觀：對事件關係人來說，重要的是什麼？

對你來說重要的東西，對別人並不見得重要。良好的選擇往往需要「心智理論」，它是一種能力，讓你了解別人有他們自己的獨到眼光，也許和你的看法相同或不同。[4]小孩子並不懂，別人的想法和感受也許和他們不同，幼稚的思想缺乏心智理論。每個人都有自己的想法和感受。有時候我們很幸運，一件事情的事件關係人想得都一樣（這是需要溝通的），所以大家當然都接受最後的決定（這是最理想的）。情況不是這樣的時候，就會發生潛在的衝突，尤其是他人價值觀與你的自我價值觀相反時。在和他人合作時需注意的重點是，要認清和考量別人所重視的事情。我們不想看到與你的自我價值觀相反的不必要對立，也不希望產生傷害別人價值觀的決定。發掘你的自我價值觀是一項具挑戰性的任務，你可以透過類似的方法，以開放的心胸接受普遍性的需求和欲望，去建立了解他人價值觀的基礎。

4. 現實：這種情況的事實面是什麼？

不管任何人怎麼看待一個情況，都存在客觀的事實。當你從一架飛行中的飛機往下跳，但不穿戴任何裝備的時候，你極可能活不了。這種現實與你怎麼想並沒有關係，它就是事實，這種知識依據的是人類的五感（觸覺、視覺、聽覺、嗅覺和味覺）。現實所指的也可能是環境或文化因素，這些變數是我們世界的一部分，無可爭辯。現實因素在本質上是「真相」的一部分，是我們在當下的時間線上的發展基礎。選擇忽視這些因素，當結果不如預期時，人們往往感到震驚、挫折和失望。這個問題的著眼點在於「是什麼」，並且讓我們能夠掌握關於決定的及時資訊。

5. 勇氣：要堅定，並且貫徹到底。

完成前四個檢核點，你就能做出資訊充足的選擇。然而，擁有最佳答案並不保證你能解決問題，也許有造成阻礙的反抗力量存在。了解阻礙產生的原因，能夠幫助你找到克服那些挑戰的方法，然後貫徹自己的最佳選擇。

結論

當你在貫徹「架構」的時候，對自己好一點，而且要有耐心。回答這些問題對你來說可能很困難，也許這是你第一次坐下來，好好評估自己的情緒或價值觀。創傷或對你個人身分認同的攻擊，也許會使你對自我感覺胡思亂想。「架構」雖然提供了必要的問題，但是你也許無法靠自己找出某些答案。當你真的陷入泥淖時，可以考慮尋求專業諮商的協助，在這些問題上得到指引。尋求協助一點也不丟臉，尤其是能夠省下好幾個月或好幾年的時間，不用在困惑和痛苦中掙扎。美國老羅斯福總統（Theodore Roosevelt）說過：「若不曾歷經努力、痛苦和困難，世界上便沒有任何東西值得擁有或值得去做……我一生中從未羨慕過日子過得輕鬆的人。我只羨慕許許多多過著艱辛生活，但活得很好的人。」你今日的人生和命運，值得盡一切努力去爭取。

我們會詳盡地一一闡述這些項目，全面了解問題。而要得到正確答案，就要先問對問題，這些問題會是你的指南，讓你朝著正確方向去思考。在把注意力投注在最後的答案之前，「架構」會教你蒐集重要的資訊，供自己運用。準備好做出最佳決策，改變你的人生道路了嗎？我們啟程吧！

第5章

情緒：我的感覺想告訴我什麼？

想像自己坐在車子裡，盯著儀表板上最令人擔心的一個燈號——引擎檢查燈。大家都很擔心這個燈號，因為它告訴我們，引擎可能有問題了，意思是要花掉你大把銀子。現在，想像你拿一張微笑貼紙貼在引擎檢查燈上，因為你不想看到它。問題解決了，對嗎？但是沒人會那麼做。為什麼？因為引擎檢查燈並沒有問題，真正的問題藏在車子的引擎蓋之下，忽視問題只會在日後引發更嚴重、代價更高的問題。不管我們有多不喜歡那個燈，我們還是要感謝它的警告。

你的情緒就像那個引擎檢查燈一樣，它的存在是為了告訴你一些重要的事情。如果我們了解車子的這一點，那為什麼偏偏要忽視自己的感覺呢？人們往往把不舒服的感覺視為使生活更辛苦的麻煩事。但感覺可是你的朋友啊，不要忽視感覺！逃避或否認自己的情緒，只會讓事情變得更糟。我們必須學習傾聽自己的情緒，然後提出一個重要的問題：「我的感覺想告訴我什麼？」

在解讀情緒背後的意義之前，重要的是要先檢查情緒本身。為什麼會有情緒的存在？情緒對我們的生存來說是必要的。神經學家安東尼歐．達馬吉歐（Antonio R. Damasio）主張，感覺是維持生命的關鍵，並且在我們做決定的過程和自我形象上扮演重要的角色。他把情緒和感覺做了區隔——情緒是複雜的身體反應，發生於與刺激物交互作用時（例如心跳加速、手掌冒汗），而感覺是我們有知覺的生理感受的解讀。[1]基於本書的目的，我們會交替使用情緒和感覺來表述這兩種經驗。

什麼是情緒？心理學家保羅．艾克曼（Paul Ekman）把情緒定義為：「一種過程，一種特別的自動評價，受到我們不斷變化的個人過往的影響，我們覺察到發生了與自身福祉至關重要的事情，於是產生一連串的心理變化和情緒化的行為來應付這樣的狀況。」[2]簡言之，情緒為你的大腦提供回饋，你不用思考就已經準備好回應重要的事件。某些特定情緒特別是這樣，例如憤怒，它以高速回饋做出可能引發傷害的回應。我們的大腦邊緣系統含有杏仁核，會開啟「戰鬥或逃跑」模式來對付察覺到的威脅。速度有多快？紐約大學神經科學中心的心理學家約瑟夫．李竇博士（Dr. Joseph LeDoux）報告說，我們的大腦以四十毫秒（或一秒的二十五分之一）的速度接收訊號。想在強烈情緒發生時，運用我們理性的頭腦是很困難的，因為情緒以閃電般的速度進入大腦中，戰鬥或逃跑反應以刺激腎上腺素的方式提高我們存活的機會，令我們反應得簡直像超人類似的。很多故事在講述有人為了解救他人於危急之中，而展現出超人類的行為。二〇一六年，十九歲的夏洛特．赫菲麥爾（Charlotte Heffelmire）舉起GMC卡車，因為那輛車的千斤頂滑掉了，車子壓到她的爸爸，卡車隨之起火。然後她鑽入著火的卡車裡，把它駛出車庫，幫大家逃到室外，包括襁褓中的妹妹。[3]那就是情緒的力量，情緒能夠激起重要行動。

除了生存之外，我相信情緒有另一項功能。感覺讓我們享受生活，讓我們的經驗多采多姿。有些人相信，如果我們是沒有感覺的機器人，生命會更美好。機器人也許會做出更符合邏輯的選擇，但是它們缺乏原創性和創造力。我見過一位叫做莫妮卡的病人，臨床上被診斷出憂鬱症，醫療人員開抗憂鬱劑來穩定她的心情。她跟我說藥物很有效，因為她的情緒穩定多了，但是幾個月之後，她停止服藥。我問她原因，她回答：「藥物幫助我覺得比較不難過，但同時我也感覺不到快樂。事實上，我幾乎沒有辦法產生任何感覺，我討厭那樣。」沒有感覺的生活，就像失去色彩的畫一樣。

我在「架構」的第一部分介紹過情緒，因為每當重要事情發生的時候，感覺會以最快的速度引起我們的注意。情緒來得這麼快，我堅信你只對就自己來說重要的事情才會感受到強烈的情緒，要不然，誰在乎啊？為什麼你會對跟自己沒關係的事情生氣？或是為不相干的人不安？如果我把十六世紀的美國歷史評價為沒用的資訊，大多數人可能都覺得沒什麼。反之，如果我罵你媽媽「又蠢又沒用」（假設你並不討厭你媽媽），你不會無感。你的感覺很重要，為什麼會那樣感覺也很重要。

在我做心理師的初期，當有人挖苦似地問：「那讓你覺得怎樣？」我會很生氣。我覺得自己的專業好像被縮限成只是在「聊感覺」，但是心理諮商要做的不僅於此（例如，提供情緒上的支持，提出健康的觀點，給予心理學上的深刻見解，針對各種主題進行教育）。不過，現在的我已經是經驗豐富的心理師，我體會到情緒比想像得更重要。你感覺如何，真的很重要。為什麼？**因為情緒與我們內心深處的自我有關，也揭露了我們的價值觀**。我們的感覺能夠提供關於自我認同和表面價值的重要線索，有時候，這兩者是我們自己並未覺察的。

七種主要情緒

談談情緒只是個開端，我們需要學會認清自己的感覺如何，以及為什麼會這樣感覺。但是我所謂的情緒指的是什麼？保羅・艾克曼博士是情緒方面的首席專家，定義出跨文化存在的七種普遍情緒。我想進一步分析幾個主要情緒，它們的意義為何以及傳達出什麼訊息，那種情緒的一般表現為何，情緒從最輕到最重（以可表現的程度來說）的強度範圍，還有當你感覺到它的時候，應該問自己的問題。

1. 憤怒

憤怒是在覺察到有不公平或不對的事情時，容易發怒的情緒，[4]它給予我們面對不公時起而搏鬥的勇氣。相似地，憤怒的出現也保護我們不受情感脆弱的傷害。值得注意的是，不能因為**覺得**有什麼事情錯了，就表示它**真的**錯了。憤怒這種情緒是對事情感覺不適的信號，所以明智的做法往往是在行動之前徹底溝通和思考相關問題。憤怒的一般表現包括嘶吼、侵略性行為、體溫升高、肌肉緊繃、咬牙切齒和／或握緊拳頭、心跳加速、挺起胸膛以顯示強大、睜大眼睛、橫眉豎目、緊閉雙唇。憤怒的程度（強度從小到大）包括煩惱、挫折、惱怒、爭辯、苦痛、心存報復和暴怒。你適合拿來問自己或正在生氣的某個人的問題是：「不公和錯誤是什麼樣的感覺？」

2. 難過

當我們失去某個寶貴的東西時，會產生難過之情。[5] 更大程度上，當我們得不到某個渴望的東西、某個人，甚或自己達不到預計的期望時，便會難過。被重要的人拒絕、失去所愛、道別離、失去進行某事的能力，和因為不理想的結果而產生失望，都會讓人們難過。再更深一層而言，難過也許源自於缺乏寶貴的目標，或是沒有能力達到那些目標。難過往往會發出安慰和支持的訊號來緩解我們的心痛。難過的一般表現包括胸悶、心臟和胃部感到壓力、身體沉重、目泛淚光、呆若木雞、目光朝下或看向別處、彎腰駝背、哭泣、雙目下垂和嘴角下彎。難過的程度（強度從小到大）包括失望、氣餒、放棄、無助、無望、痛苦、絕望、悲痛、懊悔和極度痛苦。你適合拿來問自己或別人的問題是：「我失去了什麼，或者覺得錯過了什麼？」

3. 快樂／高興

這是大多數人都想要或努力爭取的情緒，因為高興是滿足和安康的指標。[6]心理學家喬登・彼得森（Jordan Peterson）把快樂定義為，當我們的心理看到一條通往寶貴之事物的開放路徑時，所產生的一種情緒。[7]目標愈珍貴，快樂就愈多！快樂和高興之間的差異在於，快樂比較像是獲得想要的結果的副產品，而高興是屬於我們內心深處、一種比較穩定的滿足感。高興的訊號代表著遇到好事情，快樂的一般表現包括樂觀感受、充滿活力、興奮、悠閒、明理、歡笑、滿足、笑出魚尾紋和微笑。快樂的程度（強度從小到大）包括感覺愉悅、欣喜、產生同理心、歡樂、幸災樂禍、寬心、平和、驕傲、戰勝逆境的驕傲、孩子的成就帶來的驕傲、驚喜、興奮和狂喜。你適合拿來問自己或別人的問題是：「你會感激些什麼？」或是：「你想要慶祝什麼？」

4. 恐懼／焦慮

我把恐懼和焦慮放在一起，是因為這兩種感覺都具有生存功能，只是來源不同。當我們察覺到不管是身體或情緒上，和／或社會上的危險時，便產生恐懼。[8] 焦慮是一種神經質，擔心的往往是潛在的傷害。這些感覺可能釋出「戰鬥、逃跑、嚇呆、軟弱」反應的訊號，以避免傷害或不可抗拒的威脅。危險的動物、高處、黑暗和死亡，往往造成人們的恐懼。不確定的未來、想像得到的屈辱、可能的拒絕和其他迫切的威脅，都會讓人焦慮。恐懼的一般表現包括心臟強烈搏動、呼吸急促、發抖、聲音提高、僵住不動、雙眉提高、張口結舌。恐懼的程度（強度從小到大）包括不安、神經質、焦慮、害怕、拚命、驚慌、驚恐和驚駭。你適合拿來問自己或別人的問題是：「什麼樣的威脅會令你不安或擔心未來的傷害？」

5. 驚訝

這種情緒可能是又驚又喜的有趣混合。驚訝在一開始先是恐懼，直到大腦把源頭解讀為正面或具傷害性的。[9] 驚訝也將我們推到「戰鬥或逃跑」的模式裡，去注意尚未察覺的情況。它創造一種吃驚的反應，使我們當下的行動暫停幾秒，然後將注意力引導到新的情況上。發現什麼新奇之事的時候，我們的感覺也許是尷尬和／或愉快。或者，我們也可能由於負面的結果而痛苦，導致失望或慘劇。遇到巨大聲音或意外動作時，人們容易驚訝。驚訝的一般表現包括專注、喘氣、形成防衛姿勢。一般的問題或許是：「我錯過了什麼訊息，讓我措手不及？」或者：「這次的意外對我有幫助還是有害？」

6. 厭惡

厭惡也許像是把憤怒和焦慮交織在一起的感覺，但其實它是一種截然不同的情緒。當我們感受到或許會引起反感的事物、必須拒絕時，便產生厭惡的心理。[10]有毒或壞掉的食物，最常引起這種感覺。有人犯了道德上的錯誤，我們也可能感到厭惡。人們往往厭惡醜陋、腐敗或不健全的體質、不吸引人的食物、體內排出的流質（像是嘔吐物和血）、行為偏差（例如折磨別人）。也有由文化決定的觀念，把某些人或事物詮釋為「不好的」，即使在客觀上並非如此（例如種族主義、性別主義、階級主義），這部分在第八章會有更深入的探討。厭惡的一般表現包括噁心、嘔吐、作嘔、不想面對、摀住嘴巴或鼻子、發出像是「呃」的聲音和皺鼻子。厭惡的程度（強度從小到大）包括不喜歡、不樂意、反感、討厭、厭惡、嫌惡和強烈的憎惡。適合的問題是：「令我厭惡的因素是什麼，以及為什麼？」

7. 輕視

這是一種透過負面判斷而產生比其他人、團體或行為優越的感覺。[11] 它是一種「我比你優秀」和「你比我差」的結合。輕視的目的在於主張權力或地位。做為一個有權力的人，我們會覺得更有權勢和更高貴。雖然有些人從優越感中獲得喜悅，但也有些人對這種自大的感覺感到窘迫或羞恥。輕視的一般表現包括沾沾自喜、不認同的聲調、關係緊張、盛氣凌人、翻白眼、「用鼻孔看人」，和揚起一邊的嘴角。起了輕視之心時，適合問自己的問題也許是：「為什麼我覺得有必要比別人好？」

情緒的產生都有其目的，但願以上的總整理能讓你對自己的情緒，以及那些情緒的起源有更多的了解。你或許已經知道，情緒可能很複雜，畢竟人類是複雜的生物。傑洛德·帕洛特（W. Gerrod Parrott）教授（2001）根據他的情緒理論創造了一張圖表，在七種主要情緒之下，再各別細分成次要和再次要情緒。[12]如果你想更精進自己的情緒智商，就要在主要情緒之外努力分析自己的感覺。次要和再次要情緒表達的是你情緒的各種特質和強度，含有原因的資訊。我們常常在同時間產生多種情緒，的確，只感覺到一種情緒（例如難過）而沒有其他情緒，這種情況是很少見的。令人困惑的情緒像是嫉妒（源自於失去某種東西的威脅，或把珍視的人輸給競爭對手），也含有其他強烈的情緒，像是愛、憤怒、無力和厭惡。我們的情緒往往是混合的，例如三十五%的難過、二十五%的憤怒和四十%的恐懼。你不需要弄清楚各種情緒所占的比例，但是應該要會分辨那些情緒傳達的重要訊息。

認清自己的情緒是關鍵的第一步，其困難度依成長環境而有所不同。在許多文化裡，男性看起來只被允許擁有兩種陽剛的情緒：憤怒和快樂（但是不能太快樂！）。女性只被允許兩種柔軟的情緒：難過和快樂。如果你的家人或身邊的朋友被塑造成只有某些情緒，那麼要分辨和理解其他情緒可能真的很困難。沒有所謂的男性或女性情緒（儘管在文學上會這麼分類），只有人類的情緒。如果你是一個健全的人類，你會感覺得到所有的情緒。

人類也會產生封鎖某些情緒而察覺不到的心理防衛，因為那些情緒曾帶來過去受傷的經驗。因此，人們基於害怕負面結果而學會壓抑那些情緒。不過，被壓抑的情緒仍然存在，而且可能導致其他不愉快的表現形式。舉例來說，克制不想理會的感覺，會使人們感受到身體疼痛。有些人太努力嘗試熬過感覺，而不經意地傷害到自己或是其他人。科學界的普遍結論是，我們的選擇高達九十%是受情緒驅使的。百分之九十吔！倘若沒有適當地覺察到自己的感覺，我們的行為或許與正確的判斷背道而馳。卡內基梅隆大學的心理學者暨經濟學者喬治・羅溫斯坦（George Loewenstein），把冷熱同理心差距定義為人們容易低估情緒對他們行為的影響力。當情緒休眠或「冷」靜的時候，人們能夠理性地思考和行動；當情緒甦醒或火「熱」的時候，人們可能做出非典型的選擇，導致令人後悔的結果。[13]這表示，當人們飢餓、害怕或痛苦時，可能以令人驚訝的方式思考和行動。你不只要認識冷靜時的自己，也要認識處於各種情緒狀態中的自己。你的福祉大多被掌握在適當處理自己感覺的能力上。

提升情緒詞彙和情緒理解，有助於自己掌握「架構」，這又叫做情緒智商。瑟羅維（Salovey）、梅堯（Mayer）和卡魯梭（Caruso）（2008）把情緒智商定義為「關於自己和他人情緒的複雜資訊處理，以及以這種資訊做為思想和行為指導的能力。也就是說，高情緒智商的人會注意、利用、了解和管理情緒，而且這些技巧適合當作可能有益於自己和他人的適應性功能。」[14]

心理學家丹尼爾・高曼（Daniel Goleman）把情緒智商的主要內涵定義為自覺、自我調節、內在動機、同理心和社交技巧。自覺是分辨並明確表達你的想法和感覺的能力，尤其是當它們即時發生之時。自我調節是以專業的方式處理自己想法和感覺的表達，尤其是當情緒感覺很強烈的時候。內在動機是一種想活出自我價值的驅動力；同理心是了解、溝通和察覺別人的想法及感覺的能力。社交技巧是連繫、建立和維持健全關係的言辭和非言辭行為。[15]在你做選擇之前要全盤思考所有的關鍵資訊，而「架構」的目標是讓所有情緒智商的內涵變得更精良。提升你做最佳選擇的能力，也會自然強化你的情緒智商！

情緒也許能夠指出某件事情是否很重要，但是它們不會告訴你**原因**是什麼。可以把情緒想成是煙霧探測器，它把一件事情做得很好：讓你知道某個區域裡出現煙霧了。煙霧探測器不會告訴你火災的類型、出現煙霧的原因，或是任何其他資訊。它只負責響警報！同樣地，情緒告訴我們要留意，但是我們需要推敲這些情緒要試著表達什麼。

這就是我們需要停下來思考情緒的原因，如果不這麼做的話，也許會誤解情緒產生的原因，根據錯誤資訊做出不良的選擇。舉例來說，當我太太批評我家務做得不好時，我也許會感到不快。我通常把那種感覺擱在一旁，然後什麼也不說。但是就在某一天，當她指出有個盤子沒洗乾淨時，我滿腔怒火地對她大吼，那種反應跟我被冒犯的程度根本不成比例。過一會兒，我氣消了之後，我意識到自己深深的挫折感其實出於我在工作上被同事唸叨了一整個禮拜。我感覺工作不適任，而我太太對盤子的批評剛好觸發了我的不安全感，暴發的怒火是我不自覺在防衛和保護自己。我缺乏洞察力和未處理的感覺，使我不公平地對待太太，造成她的痛苦。當我們的情緒未經檢視時，就會導致令人追悔莫及的結果。

感覺的真相

感覺的真相：一

我們沒有選擇自己的情緒，是情緒選擇了我們！我們的感覺發生得比意識還快。它們自動回應我們的想法、身體的感覺和其他外在資訊，那就是為什麼因別人的感覺而責怪他們並不公平。人們沒有辦法挑選他們的感覺，就算因為有什麼樣的感覺而羞愧，也不能停止感覺的發生。一個人也許會壓抑或隱藏起自己的感覺，但是感覺本身並未消失，而且壓抑強烈的情緒往往是激起問題的原因。前進的唯一道路是承認自己的感覺，並且懷著同理心給它們一些空間。

感覺的真相：二

感覺沒有對錯之分。情緒也許或多或少令人樂在其中，但是它們也沒有好或壞，感覺就只是感覺。我們喜歡把情緒分類，憤怒、難過、恐懼、輕視和厭惡，被歸類為「不好的」感覺，只有快樂被歸類為「好的」感覺。難怪人們會逃避感覺——大部分的情緒都被妖魔化！這就像說，錢既不好也不壞，它是**中立的**，它只是我們社會用來使貨物交換更便利的工具。錢可以用在邪惡用途上，像是賄賂法官做出不公正的裁決，購買非法的武器，或是以負面的方式影響他人。同樣地，錢也可以用於良善目的，像是為病患提供醫療，建設學校和提供乾淨的水。就像錢會被用在好和不好的事情上，我們的感覺也可以是好或不好的行為的催化劑。感覺本身沒有好壞，是我們憑這些感覺所做的事決定了它們的道德性。

感覺的真相：三

感覺暗示著需求。亞伯拉罕・馬斯洛（Abraham Maslow）是一名心理學家，創立了著名的需求層次理論。這個理論的要旨是，人類有五種層次的需求，但是，除非我們先滿足較低層次的需求，否則無法進入較高層次的需求。在最低層，我們有需要像是水、食物、溫暖和休息的生理需求。下一個層次是安全需求，包括保護、安全和住所。滿足了基本需求後，我們才開始處理心理需求。下一個層次是歸屬感和愛，包括親密關係、朋友、同事和團體。然後再往尊嚴的需求移動，也就是我們渴望精通、認同和成就。[16] 當基本和心理需求得到滿足後，最後來到「自我實現」的層次，也就是完完全全地成為你的真實自我。成為真實自我，表示你的生活是有目的和使命感的。需求層次的概念讓你懂得問自己：「我還有未被滿足的需求嗎？如果有的話，是在哪一個層次？」當人們感到「飢怒」（因肚子餓而感到生氣）時，應付關係需求的能力就隨著飢怒的程度而變得愈糟。生氣看似起因於一直問「笨問題」的同事，但實際上，你只是肚子餓。精確地辨別需求，能夠幫助你轉換成適當的情緒和態度。

《動機，單純的力量：把工作做得像投入嗜好一樣有最單純的動機，才有最棒的表現》的作者丹尼爾．品克（Daniel Pink），在書中強調自主、精通和目的的人類需求。[17]從需求層次理論的觀點來看，這些本能需求屬於我們尊嚴需求裡三個具體的方向。自主是自己做主──一個人擁有自己做決定和處理事情的權責。精通是渴望擅長某些技巧，這樣能夠提升我們的能力。最後，目的是渴望我們的決定和活動有意義。你的感覺是否告訴你，這些需求裡有未實現的？

結論

萬一你對自己的感覺毫無頭緒，怎麼辦？感到懷疑的時候，問問你信賴的人。把自己的情況告訴他們，問問他們的感覺，然後問他／她**為什麼**會有那樣的感覺。最後看看那個人的說法，對你來說是否有道理。那些感覺符合我們之前討論的普遍感覺嗎？你能認同情緒背後的基本訊息嗎？談談自己的感覺，能讓你獲得一套有用的構想，你便有了起點。因為我們不是全知的，所以我們必須擬出不同的辦法，看看哪一種最適合自己。隨著時間過去，你將學會更協調自己的感覺，也知道為什麼會有那樣的感覺，這會是你做選擇時的有益資訊。

我們的情緒所暗示的重要需求不應被忽視，這些需求與我們的信念和價值觀緊緊相繫。事實上，我們的感覺如果沒有和特定的想法連結在一起，它們只會徘徊一段時間就消失了。出身哈佛大學的神經科學家吉兒・泰勒博士（Dr. Jill Bolte Taylor）指出，對情緒的生理反應（例如心跳加速，肌肉緊繃）只會持續九十秒。[18] 你的感覺上一次持續這麼短的時間是什麼時候？想不起來吧！如果情緒很強烈，感覺也許會持續幾小時，甚至幾天！所以，是什麼令你的情緒持續那麼久？是我們一直用來告訴自己的想法和故事，而想法是情緒策動意圖的地方。我們的認知必須十分明確清晰，才能更精確地解讀我們的情緒。因此，做出最佳決策的第二項要素，就是認清你的價值觀和信念。

第6章

自我價值觀：對我來說，重要的是什麼？

「我從眼鏡裡看不到東西，訓練官。」我說完之後，氣氛沉默了一下，然後訓練官重重揍了我腹部一拳。那一擊很重，打得我喘不過氣。我彎腰跌倒在地，快不能呼吸了。我掙扎著朝上看，希望得到幫助，然後我的目光與站在旁邊的資深訓練官目光相接，但他只是藐視和嘲笑我。打我的訓練官說：「我討厭哼哼唧唧的人。現在滾出我的視線，陰陽。」

這是我在美國陸軍基礎訓練營裡所感到的絕望時刻。喬治亞洲夏季的熱度使我的眼鏡覆上水氣，我看不到前方，所以無法精準地擊發來福槍而過關。我並未得到長官的支持，反而遭受身體攻擊、羞辱和被貼上種族標籤。然後我提醒自己，沒有人強迫我從軍，我是違逆了母親的期待而自願加入的。我想獲得《美國軍人權利法案》的保障，政府才會支付我的大學學費，那樣可以減輕我爸媽的財務負擔。我重視個人成長、生涯訓練和冒險。所以，儘管發生了眼鏡的意外而且訓練官很粗暴，有一件事支持我熬過這一段黑暗日子：我的價值觀。我知道自己的定位和我在這裡的目的。

說真的，你是誰？

組織心理學者塔莎・歐里希（Tasha Eurich）根據她涵蓋全球數千人的研究指出：「即使大多數人相信自己是有自覺的，但是我們研究的對象裡只有十到十五％真正符合標準。」[1]你的自覺程度極有可能比想像的還低！你是誰？不，說真的，你到底是誰？許多人一生中從未問過自己這個重要的問題。若沒有適當的省思，我們對於這個問題可能只有膚淺的答案。你也許直覺地認為自己的角色是「一個丈夫，一個兒子，或一個員工」。或者，你會把自己的身分認同和職業、宗教背景或種族淵源連結在一起。這些屬性是你身分認同的**部分內涵**，但是它們不能解釋你是誰。我們想揭露你的身分認同（包含價值觀和目的）更深處的內涵。

想想一隻狗，牠們怎麼知道自己是狗？牠們就是知道。狗狗就是有狗的身分認同，牠們不用透過撿主人丟過來的樹枝、汪汪叫或是搖尾巴來證明身分。正因為是狗，牠們才會自然地發生這些行為。狗不是那些行為的特點，反之，那些行為是狗的特點。同樣地，我們的身分不是根據表現而產生。我們是存在的個體，而不是做事的個體！就像狗不是只具有狗的習性而已，一個人的價值也不是由行為來界定的。過去發生的事或任何把我們壓得喘不過氣來的東西，都不能完全代表我們。身為一個有志氣的最佳決策者，我們必須從「我們本來就值得」的概念來著手。無須證明，我們天生就是有價值的人，本來就很可貴。我們選擇擁有這樣的真相。我們一開始就相信，所有人在本質上都很重要，這是無需經驗就能獲得的知識，這也是其他價值的運作基礎。布芮尼．布朗（Brené Brown）教授是真實的生活方面的作家，她中肯地指出：「有價值不需要前提。我們需要找出一個方法，設法讓人們找到他們的價值所在。我們需要找出一個方法說：『我已很富足，這就是我。』」[2]

你的真實自我包含自己的價值觀。知道自己的價值觀，才可能過著真誠的生活並做出最佳選擇。我們想避開只是守規矩的捷徑，說對的話和做對的事，並不能處理你身分認同上的核心問題。如果你割掉雜草的葉子，它們看起來好像消失了，但是幾個禮拜之後會怎麼樣？雜草又長回來了，甚至蔓延到別的地方。只注重問題的表面，像是想要更快樂，往往使問題每況愈下，而且得不到解決。

我們挖掉雜草的根而不是只割掉它的葉子，才能徹底除去雜草。當我們處理問題的根源（核心需求和渴望）時，葉子（症狀）才能隨之解決。加重我們的行為干預仍然很重要，但是那應該取決於問題的核心。你要妥善處理需求、情緒和意圖，來清明自己的價值觀。

在這一章裡，我們想更了解價值觀的重要性，並且對它們做出更具體的定義。弄清楚自己的價值觀是過著真誠生活的關鍵，畢竟，如果你不知道生活中什麼是重要的，要怎麼做真實的自己呢？我會介紹包括心理評估、關於存在的問題和活動的各種方法，讓你開始明確地表達自己的價值觀。我會把我自己的價值觀及其依據的精簡版當作範本，讓你有點概念。我們也會討論到你身後想留下的資產，並且根據這個結果重新加以解說自己的選擇。

了解價值觀

這是為什麼有些東西對你而言比對他人而言更重要。對我來說，我最有興趣的是人們和他們的故事。人類是最妙不可言的題材！人類是可以預測的，同時又是獨特的。我可能遇到十個沮喪的人，但沒有一個人沮喪的綜合原因跟另一個相同。我會自然而然地被人們的故事吸引，然後幫助他們改善生活，因為那麼做會使我的生活更有意義。當你問我數學問題，我的興奮程度會瞬間歸零。誰在乎微積分？那些符號重要嗎？對於一個數學家來說，我簡直是口出穢言！熱中數學的人可能會告訴我，為什麼數學是唯一真正重要且有道理的東西。所以，我們何妨做出不同的結論？因為人類與DNA之間有很獨特的連繫，我們所在乎的東西，生來就不一樣。人生最大的冒險之一，便是推敲出什麼對自己而言是真正重要的，才能過著有意義的生活。

所以，什麼是價值觀？簡言之，就是對你而言很要緊的東西，真正重要的東西。價值觀就是你的**為什麼**，這便是你存在的理由。《先問，為什麼？：顛覆慣性思考的黃金圈理論，啟動你的感召領導力》的作者賽門．西奈克（Simon Sinek）分享這則智慧：「不管我們在生活中做了什麼，我們的為什麼——我們的目的、原因或信念——從未改變過。」[3]了解你的**為什麼**，讓你在重要事情上的選擇、行動和溝通，都有一致性。價值觀可能是任何事物，從你覺得有吸引力的（例如海洋、昂貴的錶）到一個人的個性（例如忠誠、思想開明）。就像我們討論感覺的那一章，情緒與你的價值觀緊緊相繫，因為感覺暗示了重要性。對於重要事物，你會有強烈感覺。個人價值觀就像指南針一樣，引導你往真誠的生活前進。當你弄清楚自己的價值觀的時候，便能根據那樣的度量來評估自己的選擇和行為。舉個例子，我們假設「愛」是首要的價值觀之一，你對它的定義是使他人受益的行為。下次你為另一半感到挫折時，價值取向的選擇會先問：「我的話語有沒有反映了愛？」當你根據定義好的價值觀來評估選擇時，會有更多的體悟和擔當。你會知道自己的判斷是在軌道上，還是開始偏離了。

個人價值觀所接收的資訊來自於你的個性，以及個人道德和倫理標準。人們不會同樣在乎所有的美德。例如，也許有人在乎真誠多過於親切。不過最重要的是，你的價值觀是由行為來定義。重要的不在於你說的話，而在於行為。大家都會說自己在乎誠實正直，但是，當不道德的賺錢機會出現時，他們的行為卻是另外一回事。在這個例子中，獲得錢財是首要價值觀，而不是正直。這才是硬道理吧？認清你的價值觀並不是在練習列出好聽的美德，情緒和行為會揭露你**真正的**價值觀。《聖經》裡的幾行詩可以為這個概念做個總結。〈**馬太福音**〉**7:17** 和 **7:20**：「好樹結好果子，壞樹結壞果子……因此你們憑著他們的果子就可以認出他們來。」〈**路加福音**〉**6:45**：「良善的人從心中所存的良善發出良善，邪惡的人從心中所存的邪惡發出邪惡；因為心中所充滿的，口裡就說出來。」我們所做的選擇，是我們價值觀的反映。你的行為所透露的價值觀是什麼？

我們衡量以全面性的方式定義你的價值觀。你是一個具有各種表現力的完整個體。我們也許把自己想成具有身體、情緒、心智和靈魂這些不同的部分。雖然我們可以把這些方面的人格特質概念化，但是我們無法讓它們運作時不互相影響，這些部分是整體運作的。當人們只運用理性，卻忽略情緒方面時，便開始演變成心智和情緒失調。當我們的情緒送出厭惡和恐懼的訊號時，我們在心態上很難保持「開明的思想」。我們也許需要額外花些時間去重新評估，為什麼這些部分之間失去了連結。這些不同部分，每一個都需要協調一致，達成共識。目標在於活得就是一個完整的人。「架構」已經就緒，要教你做出與整個自我都有連繫的選擇。我會把健康定義為讓你各方面的自我在和諧一致中發展茁壯，去除掉我們腦海裡與心裡不必要的騷動。

依據你的價值觀而生活，最後會得到你所珍視的人生。如同我們在前幾章裡探究的，對於做最佳選擇和充實的人生來說，真誠生活是一項重要的價值觀。反之，過著不真誠的生活，往往造成不完整的自我感覺，導致普遍的憂慮。記住，每個人一定都有一些對他們來說很重要的價值觀。舉例而言，刺激和新鮮感對凱莉來說很重要，這一點表現在參與高風險的運動上。另一方面，她也重視安全和保障，實踐的方式是配戴超出所需的防護裝備，並遵守嚴格的程序。做最佳選擇的必要條件是，將正確的價值觀併入適當的情況裡。嚮往實現這些價值觀會不斷地創造出一個更好的人生。

精神病學家暨《活出意義來》的作者維克多．弗蘭克（Viktor Frankl），為有意義的生活做總結時說：

有三條大道可以達成有意義的生活。第一是做一項工作或完成一項作業，第二是體會某種事情或遇見某人；換句話說，意義這種東西不是只能在工作中找到，它也可以在愛情裡找到……不過，最重要的是第三條大道——即使是無助的狀況下的無助受害者，面對他無法改變的命運時，也許會超越自我，也許會迅速成長，如此一來，他便能改變自己，他也許能把個人的悲劇轉變成勝利。人生在任何情況下——即使是最悲慘的境遇——仍然可能有意義，所以每一個人的價值觀也是這樣，會緊緊跟隨他／她，事情之所以如此是根據他／她在過去所實現的價值觀，而不是根據目前不管他／她用得著或用不著的偶然事件。[4]

我相信真正重要的價值觀往往與弗蘭克有意義的工作要素、愛和優於我們需求的理由一致，那就是為一個超越我們自己幸福和為更大利益著想的理由而活。

接下來，我們要找出一些方法，藉著揭露自己的價值觀，展開有意義的生活。

發現自己的價值觀

活得好，代表創造出與個體一致的價值觀。那麼，我們要怎麼知道自己的價值觀？開口談論價值觀有好幾種方法，可以從辨明你的個人價值觀和弄清楚對自己重要的事情開始。藉著辨明你的個人價值觀，能夠為做選擇建立起一條普遍的基線。你的價值觀變成一個參考點，讓你拿來與自己的選擇做比較。對於身分認同重整工作的新手來說，推敲出價值觀也許需要用各方面的身分認同和經驗來試驗。塵埃落定後，當你在價值觀清單上加入更多經驗時，需要維持它的一致性。在這裡，「維持」的定義是重溫並重新評估那些價值觀，確定它們仍然有效。做了改變的人，新的生活經驗可能令舊的價值觀面臨極大考驗。那不見得是件壞事，這個過程讓我們更貼近真誠的自己。真誠的自我若不經過考驗，可能會形成錯誤的身分認同和自我欺騙。

認清自己的價值觀有一個很好的方法，那就是心理測驗。畢竟，找出正確答案的關鍵之一在於問對問題。心理測驗能夠透露關於你自己的重要資訊，我個人最喜歡的是九型人格測驗（Enneagram personality test）。這是找出你人格類型的極佳工具，它會發掘你行為的動機和理由，也揭露你在壓力之下的人格和「黑暗與不健康」的層面。

還有其他很好的心理測驗，它們包含了黃金標準、五大性格特質測驗（例如16PF、NEO—PI—R、IPIP—NEO）、DISC人格四型分析、LIFO調查，甚至入門者的邁爾斯—布里格斯性格分類指標（MBTI）。這些都是讓你先認識自己的極佳工具！雖然測驗結果也許不能完全揭露你的價值觀，但是這些答案能夠指出你的優點和人格特質。了解你的人格，有助於找出與自己價值觀有關的特點。

免責聲明：你也許想依照偏好而非誠實地回答測驗裡的問題，但是，你要依據的不是你**想**怎麼樣，而是大多數時候的真實想法或感覺。同樣地，也不要過度負面地作答。正確的心態是，要根據自己「大多數時候」的反應來回答情況性問題。有時候，「第一個想法就是最好的想法」，這個規則能夠幫助你盡量減少過度分析的答案。

我會以自己九型人格測驗的一部分當作簡單的例子。我人格類型最高分落在第三型人格。第三型人格也叫成就型人格，這種人的主要動機是成功和效率。它透露，我對於成就和做最好的自己有強烈的欲望。這是我想寫這本書的原因之一，因為做最好的自己和幫助他人做最好的自己，這種價值觀對我來說很重要！第三型人格傾向於將個人價值觀視為表現和正面的表象。當我感受到極大壓力的時候，焦躁不安往往讓我只能處理一些例行事務和「保持忙碌」，即使我的行為正在偏離其他核心價值觀。我想從別人那兒得到正面回饋的欲望，可能誘使我做出正面的假象，奪走了我的真誠。憑著九型人格測驗的這些結果，我更清楚自己的優缺點。它提醒我把自己的價值放在更持久的特質和價值觀上，同時努力達到卓越的境界。卓越的報償就是它本身，而不在於別人的讚美。我在個人成長方面的價值觀，幫助我將自己的優點發揮得淋漓盡致，當然也從中得知自己的缺點。你的人格測驗結果透露了你的哪些特質？

另外也有些可以透露個人其他面向的特殊測驗。霍根（Hogan）的動機、價值觀、偏好量表（ＭＶＰＩ）能夠鑑別你對某些價值的天生傾向（例如美學、親和、利他主義、社交、享樂主義、權力、認同、科學、安全和傳統）。偏好無所謂好壞，就是比別人更在乎某些事情而已。唐諾．克里夫頓（Donald O. Clifton）的蓋洛普三十四項優勢資源（也叫做蓋洛普優勢識別器二．〇），和馬克斯．巴金漢（Marcus Buckingham）的天賦量表，能夠突顯你的頂尖優點，並且教你如何將那些優點融入生活中。崔維斯．布萊德貝利（Travis Bradberry）和琴．葛麗薇絲（Jean Greaves）利用情緒智商涉及的四大領域，來評量你在每一個領域裡的等級，並且建議你用專門的技巧來加強在該領域裡的優勢。[5]

史蒂芬．柯維（Stephen Covey）的《高效信任力》，也有鑑別信任程度（正直、意圖、能力和結果）的簡單評量，並且提供改善缺點的方法。[6]如果要鑑別自己在一段親密關係裡的價值觀，可以考慮婚前／婚姻關係評量（Prepare/Enrich assessment），它會從關係上最重要的九個領域裡（例如溝通型態、性期望、關係角色、心靈信仰、財務管理、伴侶風格和習慣、衝突的解決方式、家人和朋友）鑑別出——相較於你的另一半的分數——你的成長和優勢領域。我太太和我在婚前諮商中用了這個婚前／婚姻關係評量，它幫助我們在很明白的狀況下進入婚姻生活。我們很少對衝突感到訝異，因為我們都有這方面的心理準備。無論你選擇做什麼樣的評量，重要的是，取得有助於發掘自己身分認同和價值觀的資訊。（以上提到的測驗，請參考註解以取得網址和出處。）

如果你不想做前面提到的評量，還有其他方式可以發掘自己的價值觀。我個人用過這些很有效的方法，更清楚地認識自己。珍妮和克里斯・艾特伍德（Janet & Chris Attwood）的熱情測驗用一連串從最重要到最不重要的問題，讓你依自己的興趣評級。列舉的範例問題如下：

「什麼樣的主題可以讓我讀五百本書，或是一直看影片而不厭煩？」

「若有完全充裕的財務能力去做任何事情，我會把時間花在什麼事情上？」

「如果你能夠做任何自己知道不會失敗的事情，你會做什麼？」[7]

你也可以自己列出較一般性的價值觀，做成一個修改版來做自我測驗。在提出價值觀清單前，先憑記憶寫出價值觀，然後看看自己能夠寫出什麼。然後，只要用 Google 等搜尋引擎搜尋「價值觀清單」就可以了。你可以找到包含五十到兩百種的價值觀清單，從裡頭挑出一種（剛開始或許挑比較短的），你可以加入自己的價值觀，然後把它們寫下來。重新檢查一遍清單，圈出對你來說最能引起共鳴的價值觀。這時，你的想法和感覺扮演很重要的角色。

當你比較每一個項目，看看哪些要列得比別的高，我會建議從你的感覺著手。哪些價值觀會激起比較強烈的感覺？你在心裡稍微思考之後，它有引起你的重視嗎？然後好好想想，解讀一下，為什麼那些感覺會對某些價值觀產生比較強烈的共鳴？說明那個價值觀對你來說有什麼意義。花點時間解釋，在自己的生活中感受那種價值觀的重要性，然後開始依重要性來排列價值觀。把那些價值觀統統放到清單上，一一比較。

舉例而言，你也許把自由和家庭放到清單上。如果你必須選擇，哪一個給你的感覺更強烈？如果個人自由勝過家庭，那麼就把個人自由往上移。接著你可以比較家庭和金錢，然後繼續這麼做。重要的是不要用價值觀的「對」或「適當」來判斷自己，價值觀就是價值觀。要對自己誠實，你才能找到方法健全地融入價值觀。如果人生對你來說要有意義，一定要有什麼樣的價值觀？

鑑別出最重要的價值觀，當你在把它們融入自己的選擇時，才會深切地留意。雖然大部分的價值觀都很好，但哪些對你來說最重要？這個原則反映在蓋瑞・巧門（Gary Chapman）的書《愛之語》裡（它也是一種很棒的評量）。愛的語言是人們溝通和得到愛的方式。這五種語言是：（一）肯定的言語、（二）身體的接觸、（三）精心時刻、（四）服務的行動、（五）接受禮物。[8] 現今，大多數人都想體會到所有五種的愛，但是它們的影響力是不一樣的！也許這些愛的表達裡有一、兩種的共鳴比較強烈，如果遺漏了，你就感覺不到愛。

舉例來說，我是「肯定的言語」和「身體的接觸」類型的人。如果收到很體貼的禮物，我會感激、開心，但是它的影響力遠不及肯定的言語和身體的接觸。我跟我太太說，我是一個省錢的約會對象，因為只要說：「你做得很好！」或者擁抱就能充飽我的愛情水庫……這只花她幾秒鐘的時間！就像我們希望生活能充滿「正確的」（對自己來說最有意義的）愛的語言一樣，我們也希望日常生活能夠反映出我們重視的價值觀。

推敲出價值觀的另一個有趣的方法是透過一種叫做「價值觀拍賣」的遊戲，[9]

我跟我們醫院計畫裡的青少年一起玩過。這個遊戲在較大的團體中效果最好，因為這樣會提高匱乏度和競爭性。主持人拿出一份價值觀清單，並且給每個人一千元籌碼出價。

我們使用的價值觀是：（一）舒適的生活、（二）平等、（三）刺激的生活、（四）家庭安全、（五）自由、（六）快樂、（七）內心的和諧、（八）成熟的愛、（九）國家安全、（十）樂趣、（十一）救世、（十二）自重、（十三）成就感、（十四）社會認同、（十五）真誠的友誼、（十六）智慧。主持人把每個價值觀拿出來拍賣，然後大家為自己想要的出價。

在拍賣開始前，孩子們先想好他們真正想要的價值觀，當有人出價競標時，他們的價值觀就受到考驗。那一刻，他們必須決定：「我有多在乎這個價值觀？」有些孩子用全部的一千元去競標一個價值觀，比如家庭。這很明確地透露了他們最在乎的事情。有些孩子太害怕而不敢出價，一心想等著更好的價值觀，直到所有的價值觀都被標走。還有些孩子標到好幾個價值觀，因為當他們得到第二次機會的時候，其他孩子已經把錢用完了，所以他們在交易中贏得其他價值。把錢「存起來」

的人到最後往往一無所獲，因為遊戲結束後，錢就沒有用了。這個遊戲只是加上一種社會動力和壓力，也許能幫助你找出最重要的價值觀。

我要分享我個人的價值觀。透過我自己的鑑定，我做選擇的依據是這些原則。我對忠誠的信念，為自己的價值觀提供了基礎。你不需要把結果歸因於我的見解，我並不是在說自己的觀點就是對的，而且它當然不是絕對的。我分享自己價值觀的用意在於提供一個生活哲學的範本，希望能激勵你找出你的價值觀。

我相信，人生的目的要在上帝和我與祂的關係中尋找。上帝身為宇宙的創造者，而且一切都在祂之中，為了一個在短短的一生中需要實現的目的，上帝也創造了我。只有祂知道我真實的身分、優點和缺點。多認識祂，就是更精確地認識我自己。我的價值觀，以《聖經》中所揭示的上帝對生命的價值觀和看法為核心。上帝不需要我做任何事，但是祂賦予我機會與祂合作，去愛我自己和其他人。人生來就是有價值的，因為這是上帝說的，這就是我認為每個人都值得愛和受重視的原因。

愛是我最高的價值觀。愛是溝通、展現對人類和我身邊存在的實體的關懷的一個動詞，一種行為。既然上帝是我天堂的父和王，那麼我就是祂的子和王子，天生便是尊貴高尚的。我的價值不是由我的行為來決定，而是由我是祂的孩子這個事實來決定。這些尊貴的特質包括正直、謙虛和尊重。在溝通和解決問題的領域裡，祂賦予我天資和天分。我能夠把複雜的資訊清楚地表達成「使用者友善」的界面，去幫助別人也具備解決問題的能力。我的天職是成為個體及其家人的癒療者和修復者，成為心理師只是做這份神聖的修復工作的工具。這件事為什麼重要？因為上帝在乎讓人變得完整。我相信「用他人想要的方式對待他人」的白金定律。那表示花時間傾聽、了解別人的需求，用情感去關心他們，並且傳遞價值觀與希望。我的最高優先事項是只有我能夠做到的任務，並且設下一個健全的界線來保護它們。我重視人與人之間的關係，首先是和上帝的關係，再來是愛我的太太、家人、朋友、同事和人群。當我的行為不能榮耀上帝、我自己或人類時，就有問題了。我重新評估自己的行為，處理不好的欲望，並且重新奉行我高尚的價值觀。

你不一定要有宗教或心靈信仰才能形成價值觀，在過去和現代，都有偉人因為自己所承認和驗證的價值觀而活得光采。例如，教育家約翰·杜威（John Dewey, 1859—1952）相信教育的價值，並且要創造一種體系，教人們運用他們的頭腦，不要只是不用腦子地相信別人所說的話。[10] 或是科學家居禮夫人（1867—1934），她發現可用於治療癌症的放射線。[11] 還有許多人用各種不同的觀念為社會做出重大貢獻，像是印度聖雄甘地、安妮・法蘭克（Anne Frank）、達賴喇嘛、馬拉拉・尤沙夫賽（Malala Yousafzai）和亞歷山大・漢米爾頓（Alexander Hamilton）。

無論你秉持什麼樣的價值觀，都要為自己負責，把真實的價值觀融入到你的最佳選擇裡。我不能告訴你該重視什麼，身分認同的形成是一種過程，急不得。你有認識自己的渴望和好奇心，就給自己一些被了解的空間，慢慢思考和認清自己的價值觀。

最後，我認為死亡是生命的一個過程，它的優雅之處在於能夠讓你對生命有適當的看法。存在心理治療大師歐文・亞隆（Irvin Yalom）曾說過：「死亡和生命是相互依賴的：雖然死亡的物質性會摧毀我們，但死亡的觀念拯救了我們。認識死亡使我們了解生命的辛酸，讓生命觀產生急遽的轉變，而且能夠使一個人的生活模式從閒散、平靜和微微的焦慮，轉變成一個更真誠可靠的模式。」[12] 這是一個力量十分強大的觀念。雖然大多數的人都害怕死亡，但他們更大的擔憂是害怕從未真正活過！知道我們在世間的時間有限，於是我們迫切地想活出自己最好的人生。不要空等，以免最後冒著不必要的風險，要追求個人成長和好好地愛他人。誰知道明天會怎樣？

用你想被記住的方式活出自己的人生。我個人相信，人們在乎他們能留給後世的遺產，因為我們每個人的內心都有某種永恆的東西。〈**傳道書**〉**3:11** 抓住了這個精髓，指出上帝「將永恆安置在人心裡」。我們在被創造出來的時候，心裡便有了永恆，因此，我們在乎生命中的衝擊。羅倫・奈隆（Lorraine Nilon）說過：「在過生活、解決情緒負擔或接受靈魂永恆為事實的方面，沒有一個一體通用的方法。」[13] 你必須發現和走出自己的道路。

最後要思考的是練習寫訃聞或悼詞。[14] 想像在一個大廳裡充滿了你這輩子所見過的人，包括你愛的人和愛你的人，不喜歡你的人，只是和你打過招呼的陌生人，以及介於這些情況間的每一個人。想像這些人來參加你的葬禮，而你坐在前排。形形色色的人們走上前來，分享你曾對他們造成的影響，你想聽到什麼？你會怎麼被記住？你一生中做過什麼重要的事？花點時間寫下你想聽到人們是怎麼說你的，這些便是你對一個美好人生的理想悼詞。

然後翻轉腳本，我要你想像有人分享你人生中最可怕的故事，這會是你最不希望出現在悼詞裡的內容。你最厭惡被記住的時刻或事件是什麼？你曾如何傷害過別人？哪些行為讓你充滿罪惡感和羞恥？花點時間寫下來你害怕聽到的事情，這些便是關於你悲慘生活如夢魘般的悼詞。

先讓嚴肅的想法沉澱一下，現在，回想你過去幾週的想法和行為，寫下老是在想的那些念頭，以及採取的具體行動。把你過去幾週的活動和理想的悼詞放在一起比較，你的行為與價值觀一致嗎？它們對你想留給後世的遺產有貢獻嗎？現在，把那些想法和行為和如夢魘般的悼詞放在一起比較，你能夠看出，哪些行為如何影響了你不想留予後世評論的事蹟嗎？你正在進行什麼已經在運作中的事情？你正在做的事情裡，哪一件從現在起的一年後仍然不重要？為了創造理想中的遺產，你需要轉變哪些特質？

結論

無論你決定用什麼樣的方法弄清楚身分認同和自我價值觀，都是達到最佳決策的關鍵。如果你真的想做出最好的選擇，千萬不要跳過這些練習！沒有捷徑這回事。身分認同的形成需要努力和奉獻，哪怕你只設法識別出一、兩種價值觀，也要從現在開始奉行！把那些價值觀置於心裡最重要的位置，然後融入自己的選擇當中。真正重要的價值觀會漸漸浮上表面，而不重要的事情會逐漸退居幕後。花些時間認清自己的價值觀，因為它們是你達成目的的依據。你的價值觀會成為引導你日常決定的北極星，而你的決定會幫助自己創造確實性和更多的自尊。

對自己的價值觀有了更敏銳的了解之後，下一個要素就是引導出他人價值觀與自己的價值觀相符或不相符的現實。

第7章

他人價值觀：對事件關係人來說，重要的是什麼？

衝突的發生大多起因於無效的溝通。《極樂婚姻的驚人祕密》的作者桑蒂．菲德翰（Shaunti Feldhahn）分享一項令人擔憂的數據：「即使在艱難的關係中，九十七%的配偶說他們在乎自己的伴侶。但是超過四成的人相信，他們的另一半不在乎他們。」[1]為什麼會有這麼大的差異？因為相信另一半並非真正在乎他們的那些配偶，把未領會到的期望解讀為惡意。此外，他們另一半的「關愛」行為，並未被理解為愛，善意和傳達之間存在著巨大的歧異。我們對於別人想法的認知，不見得都是對的。假定這一詞讓我想到「隨便的假設會讓大家都很難堪」，他人價值觀也是同樣的道理。

我們不應該假定別人重視的東西和我們一樣。社會上有一般和普遍性的原則，像是尊重他人、愛和接納。然而有可能不一樣的是，人們想被尊重、愛和接納的**方法**。舉例來說，我爸爸真的很喜歡辛辣的中國菜，而我討厭辛辣的東西，如果我爸爸堅持請我吃辛辣的中國菜，只因為他想給我他覺得「最好的」。我可以了解為什麼我不會把這種行為視為愛的表示，儘管他的出發點是愛。這要回到「用他人想要的方式對待他人」的白金定律，它比「用你自己想要的方式對待他人」的黃金定律重要多了。

為什麼我們會做那些不精確的假設？因為人們透過自己的一套模式、構想或「腳本」來認知世界。根據心理學家尚・皮亞傑（Jean Piaget）的見解，模式是我們所相信的世界運行的方式，也就是我們的世界觀。它形成於幼年時期，然後由我們的人生經驗來塑造。隨著時間過去，我們會假設自己的模式一定也是別人看世界的模式。也許有這麼一種普遍的模式：「這個世界和世界上的人，天生自私又不值得信賴。」[2]這樣的基礎信念，讓你本能地行事謹慎，並且懷疑他人的動機。無心之下的結果是，你的不信任行為會營造出別人也不太想信任你的「氣氛」，然後這種結果又增強了你的模式，因為「這證實了人們都是不正派的」。這就叫做自證預言。諷刺的是，我們正是這個不良結果的創造者！史蒂芬・柯維說：「我們所看到的世界，不是它的樣子，而是我們認為的樣子——或者是我們選擇要看到的樣子。當我們開口描述我們所見到的東西時，事實上在描述的是我們自己、我們的認知、我們的範本。」

心理學家傑弗瑞・楊（Jeffrey Young）發現有些模式會培養出不健康的關係動

力，像是放縱／不穩定，不信任／虐待，情緒剝奪和缺陷／羞恥。如果不加遏止這些模式，可能會造成不良的選擇。[3]《運動科學與醫學牛津字典》著重於大腦中一個叫做網狀活化系統的區域，這個區域是用來濾除掉「不重要」的資訊，同時突顯出符合自己模式的證據。[4]不管你的信念是否為真，你都會發現自己要尋找的。

為了脫離自己的模式，我們需要回答一個問題：「他人的價值觀是什麼？」對別人來說，什麼才是重要的？他們的需求和欲望是什麼？做出你的最佳選擇的時候，要考量別人所在乎的事情。就像俗話所說的，「一個巴掌拍不響」，我們也想和別人合作與同進退。「不聽我的就滾蛋」的態度，不利於相互尊重的關係。沒錯，我們都想擁護自己的需求，並且挺身而出。但是，當人們在陳述情況時**只**惦記著自己的需求，就會出現問題。最佳決策需要不懈的努力才能創造雙贏，每個事件關係人的需求也才能得到滿足。

就像辛辣食物的比喻，我們不要假設別人希望我們要什麼。即使你猜對了，驗證你的答案，才能真正弄清楚雙方的期望。我太太也許是最了解我的人，我們曾經花了無數小時在一起分享許多經驗。她私底下知道我有一個不太討人喜歡的特質：

我很挑食。我能說什麼？我知道自己喜歡什麼！有時候，我太太會幫我們倆訂餐，儘管她知道我會選的越南河粉是十七號大份的，她仍然會問我：「你想吃什麼？」我很感謝，因為我有機會清楚指出我想要的，然後她就能確定我的需求。這是很清楚的溝通。

如果當她問我想吃什麼時，而我回答「不知道，幫我挑吧」的時候呢？假如我這麼做，承擔的風險是她選擇了我不喜歡的菜色。那會是誰的錯？當然是我。我有資格失望嗎？當然，我可能暗地裡希望我太太「到現在應該已經懂我了吧」，然後挑選「正確的」菜色。但事實上是她有**問**我，而我告訴她隨便挑她喜歡的，在溝通裡犯錯的人是我。這個故事的寓意是：別那麼懶，要就說出來，即使對方是你很熟的人，你也要格外努力地傳達自己的需求。良好的溝通與健康的關係必定有重大的相關性。

在直覺地捍衛自己的「權利」之前，先聽聽對方的需求和見解。在交流中，你所想的很容易淪為以管窺天的狹隘之見。了解對方的價值觀和渴望是很重要的。在你和對方沒當面見到的狀況下，你可以自問：「如果我是他／她，我會想要什麼？」這是基本的同理心。你能夠了解對方的目的以及為什麼那些目的很重要嗎？

想像一個發生在一位父親和青春期女兒之間的情況。爸爸同意讓女兒和幾個朋友一起去看晚場電影，他們都知道電影在九點半開演，而且女兒答應在電影結束後打電話給爸爸。當女兒打電話請爸爸來接她的時候，他卻怒不可抑。做父親的很焦慮，因為他以為電影在午夜結束，但實際上，電影的結束時間是凌晨一點。他在電影放映期間試著聯絡女兒，但女兒沒接到電話——她把手機設為靜音。女兒反擊說：「我又沒做錯！我也不知道電影這麼晚才結束！我是按照說好的去做的。」這造成了激烈爭執，回家的一路上相當不愉快。

所以，是哪裡出問題了？我們可以從「他人價值觀」的角度來解決這個問題。那個爸爸的價值觀是什麼？我們想得出來，爸爸顯得焦慮是因為擔心，他重視女兒的安全。因為女兒沒有接電話，而且已經凌晨一點了，他的焦慮使他不由得想像著電影《即刻救援》的場景：女兒被綁架，而且可能遇害。[5]那女兒呢？女兒覺得備受冒犯，因為她被不實地指控為做錯事。她重視的是被尊重和想得到爸爸的信任。

他們若懂得彼此的價值觀，便可以從問題的根源來解決問題。假設他們重視彼此之間的關係，爸爸可以對自己的過度反應道歉，並且說明他怕害她遭遇不測。如果女兒不想計較，她可以為讓他擔心而道歉，即使那不是她的本意。從和解和清楚溝通的角度出發，她可以答應用簡訊讓他知道「我很好」（和以後要查一下電影的時長）。

在許多情況下，被認為是針對個人的冒犯，往往不是那麼一回事。我也許覺得有人故意讓我們日子不好過，沒錯，有些人的心裡很痛苦，於是把他們的挫折發洩在別人身上。即使是這類情況，那也不是針對個人！不，我們不是在為不良的行為找個正當理由，只是想要記住，人們是在試著滿足他們自己的價值觀和需求。我們甚至可以同情他們的需求和傷害，那並非都是你的緣故。當我們了解到別人像你我一樣有需求，我們就能退一步，更客觀地來看整個局面，我們能夠把焦點轉移到真正的問題上。

驗證能夠幫助我們了解他人的價值觀。驗證就是了解一個人的感覺和他／她為什麼會產生那樣的感覺。[6]和對方溝通，才能「完全了解為什麼你會那樣感覺？你還能有什麼樣的感覺？」

公式：辨明對方的感覺＋感覺背後的原因×準確的省思＝驗證

舉例來說，我的工作夥伴顯得心煩意亂。他抱怨他在工資表上的薪資是第二次出錯了。利用驗證公式可以分析幾個步驟。

- **辨明對方的感覺**：根據我的夥伴提高的嗓門和皺眉頭的表情，我的感覺是他很挫折和憤怒。
- **原因**：因為他的薪水第二次被弄錯。稍微思考一下，那樣說得通嗎？是的，如果我的薪水被弄錯，而且同樣的錯誤發生了兩次，我也會心煩意亂的！
- **溝通**：「人資部第二次弄錯你的薪水，你似乎真的被惹毛了！他們真差勁。」在你無法深思和了解他們感覺的情況下，你要問些問題來釐清。「你看起來挺煩的，怎麼了？」這個練習能幫助我們建立同理心，讓我們更仔細地了解他們的觀點。

辨明他人的價值觀，對動物也有效。狗狗嗚咽是因為牠害怕，有這種辨識力，讓我能夠把精力放在辨明恐懼的來源和解決問題上。嗚咽也許是害怕的信號，狗狗的價值觀是保障與安全，牠的需求是要令牠害怕的東西消失，和／或獲得舒適感。如果我的焦點只在於阻止牠嗚咽，也許會大吼：「閉嘴！」然後不理牠。沒有處理根源問題，狗狗也許會嗚咽得更大聲，使情況變得更糟，而且可憐的狗狗也未得到善待……一點也不好。辨明實際的需求和解決問題，適用於任何關係：動物、植物、物體和人們等等！你能夠了解辨明他人的價值觀是怎麼轉化成我們對待別人的方式嗎？選擇驗證，有助於培養解決他人需求或欲望的心態。

得知他人的價值觀，也許是從事件關係人那兒得到直接的回饋。如果存疑，就去查證！許多時候，你要找尋的答案就近在咫尺。「不知道她喜不喜歡這些褲子？」一想確定嗎？就直接問她呀！假如她跟我太太一樣有獨到的品味，那如果你猜錯了也沒什麼好意外的。這個看似明顯、簡單的步驟，也可能令人感到難以啟齒。若是如此，就到了自我省思的時候了。為什麼我會遲疑地不去問？這個恐懼要告訴我什麼？也許我們都不想面對意外，那很不浪漫。或者，問「常識性」問題讓你看來很笨。你想根據猜測來做決定嗎？請便，但我個人寧願把一切弄清楚，才不至於白費力氣。

我曾經跟我女友（現在的太太）有過一段開誠布公的談話。當時，她看起來很沮喪，但我不知道原因。從她的表情看來好像是我把什麼事情搞砸了。我問她：「有什麼不對勁嗎？」她默不作聲。她以為我猜得到，她的期望很「明顯」。所以我先發制人。我告訴她：「我是一個訓練有素的心理師，不是靈媒，我不會讀心術！我不知道你在想什麼，除非你告訴我。如果你希望我很浪漫，猜得到你的願望，我的機率可能是五分之一。我會有一些『中獎』的閃亮時刻，但大部分的時候都令你失望。或者，你可以把心裡所想的說出來，然後我的命中率就是百分之百！」我知道，那不是最浪漫的談話，但是它從根本上改變了我們的關係。現在，溝通是我們最大的優點，我太太和我都很快樂，因為我真的能依照她的意思去做。即使我允許她「指使」我（用她感到親暱的方式），我也不會摸不著頭緒了。如果我不認同她的意見，我們可以認真的討論，她也比較不會心生怨憤或失望。隨著時間過去，我已經摸清楚她的脾氣，不用等她開口就能主動去做。我們的關係已經到了「就是知道、不需要問」的程度……不過基本上，並不是一開始就這樣。我能夠把她的價值觀放在優先的位置，是因為我願意主動去了解。

我們所希望的是，與你的生活相關的人會知道他們自己的價值觀。有時候他們會，有時候卻說不清楚。你甚至可以建議他們做自我價值評量，就是我在前一章提過的評量，可以讓大家得到一致的訊息，相互了解，有共同的語言。這些人或許包括同事、隊友、配偶，甚至孩子。

舉例來說，如果親密的另一半也做了九型人格測驗，你們就可以培養出對彼此的深刻了解，和欣賞對方的獨特特質。你們可以根據九型人格測驗的分析結果了解彼此的心態，然後便能以共同的語言更客觀地討論彼此的價值觀！婚前／婚姻關係評量更是如此，它會把你和另一半的價值觀放在同樣的標準上去比較其相似性和差異性。

有的時候，你不確定他人的價值觀，而且無法直接問對方。遇到這種狀況，下一步最好是從值得信任、但沒有直接利害關係的人口中得到回饋。關鍵在於「值得信任」。

可惜的是，並非每個人都如此。每個人都值得愛和尊重，但是信任是要靠努力爭取的。人們都相信自己是開誠布公、值得被信任的，直到在某方面的競爭使得他們背叛你。在把資訊分享給不值得信任的人之後，便產生流言和操縱性的行為，以你的利益為代價來實現他人的一己之私。遭到背叛和被利用的人，往往很受傷，不太願意再信任他人。

因此，從對的人口中取得回饋是很重要的。值得信任的人會把你的利益銘記在心——他們會提供準確的資訊，讓你蒙受其益。和值得信任的人討論，才能把事情弄清楚。

舉例來說，你在工作場合裡和一位值得信任的同事討論可能的想法和價值觀。你尋找具體的回饋，好了解事件關係人的價值觀，或許可以這樣問：「你覺得那個人對這個情況有什麼看法？」或是：「那個人在乎的是什麼？」這跟：「我該怎麼做？」的問法是不一樣的。你不是在問別人對你的做法的意見，而是在蒐集關鍵資訊，才能做出自己的最佳決策。把那些回饋拿來和你對他人價值觀的最初想法做比較，這個過程能讓你透過第三者的眼光，更全面地看待情況。

記住，衝突往往是在價值觀上有不同的優先考量，並不是人身攻擊。人們對事情該怎麼做會有不同意見，在許多狀況下，雙方想的都是同一件事，只是達成的方法不同。舉一個我太太和我度假時的例子。我們都有玩樂的價值觀，不同處在於「你對玩樂的定義是什麼」？對我太太而言，玩樂應該像是包含各種活動和飯店「全部體驗」的套裝行程。當我看到要做的事和要去的地方的數目時，度假瞬間變成了一種壓力和工作！雖然我們都想玩，但是我的步調比較慢，活動也比較少。衝突在於當我們一起旅行的時候，兩種步調並不一致。她不能把每一件想做的事情都做了，同時又過著我想要的悠閒假期。價值觀的不同處在於我們對玩樂的定義，我對悠閒的價值觀高於她對追求刺激的價值觀。

我要怎麼在主張自己的價值觀的同時，也尊重她的價值觀？這需要從狹隘的心態轉換到包容的心態。歡喜是足夠分給每一個人的！我們要怎麼同時尊重兩個人？答案往往存在於你的方法和另一人的方法之間，這是未被發現的第三種選擇：適合每個人的創意解決方法。雙贏局面往往存在於灰暗地帶，它既不是黑色，也不是白色；既不好，也不壞。第三種選擇往往是我們檢視彼此的價值觀時產生的解決之道。沒有人喜歡妥協，因為它的意思似乎是每一個人都讓步，沒有人會高興。才不是這樣！人們能夠創造雙方都滿意的雙贏局面，唯一的前提是要有開明的心，能夠接受一個並非你最初所想、但可能滿意的答案，甚至花時間去驗證他人的價值觀，以創造第三種選擇。

現在回到度假上。我和我太太要怎麼享受自己想要的假期？我們要怎麼重視彼此的玩樂？首先，我們檢視我太太在法國想做的活動清單。她列出好幾個博物館、餐廳、一些商店、市區和自然景點。在我聽來都很好，只是不完全在我的清單上！那麼，我們的選擇是什麼？我們的第三種選擇是勾出她優先「必做」的活動，我們可以一起進行；至於其他的活動，她可以和朋友或自己一個人去做，而我留在飯店裡。或者，我也許去逛逛她比較沒興趣的商店，然後晚點再會合。我們重新調整步調，我太太就能做她大部分想做的事，而我也能依照自己的意思放慢步伐。倘若沒有齊心齊力解決問題，我們也許都對度假心生不滿。或者，我們對彼此的「不體貼」都感到惱火，然後一路上吵個不停。為什麼要花錢和力氣去度一個讓我們關係更糟的假期？豈不是浪費了美好的巴黎之旅，對吧？

結論

總括來說，人類是天生自私的動物（包括我們自己），所以我們的最佳選擇一定要考量到事件關係人的利益。不要假設「我喜歡的別人也喜歡」，而是要彼此達成共識。

我們對他人的價值觀猶豫，是因為擔心可能損害到我們自己的需求。若是轉換到包容的心態，我們才能找到一個全新的、同時顧及雙方的第三種選擇。要對創造雙贏的解決方式採取開放的態度，並且融入對方的價值觀。根據事件關係人的回應來界定可能呈現的價值觀，分享你想像中對方在某個情況下的價值觀，然後查核自己的答案。對方也許對你搶在他們之前先辨明了他們價值觀的能力而訝異；或者你也可能弄錯了，那麼就要問清楚正確的資訊。當你好奇著要怎麼取得他人價值觀的資訊時，大部分的人早就等不及告訴你他們想要什麼。成功的祕訣就是尊重每一個人的價值觀，這只有透過溝通和齊心合作才會發生。

現在我們已經辨明了自己的感覺、價值觀和他人的價值觀，做出最佳決策的最後一個元素，就是了解這些因素中所包含的脈絡。我們的價值觀和感覺是在一個大文化和社會裡相互作用。接下來，我們會討論到做選擇時所涉及的現實因素。

第8章

現實：認清事情的真相

很久很久以前，有一個小偷想竊取位於市鎮中心一座價值不菲的鐘。某天晚上，他趁著四下無人去偷鐘。由於鐘太大、太重，無法直接搬走，小偷揮起大錘子敲破它，但是鐘只是被震得大響。小偷驚慌不已，連忙用耳塞隔絕了鐘聲，然後繼續敲鐘，試圖把它敲成好幾塊。他愈敲，鐘就愈響，鐘聲吵醒了鎮民，於是他就被抓了。

你也許會想：「真是白痴！他聽不到鐘聲，並不代表別人也聽不到鐘聲啊。」這個故事源自於中國成語「掩耳盜鈴」。[1]這個故事的寓意是，不管你的認知如何，客觀的事實就是那樣，忽略事實只是自討苦吃。我們也許會批判那個笨小偷，但是就是有人會忽略生活中的某些現實，造成不良的選擇和負面結果。

無論現實的因素有多麼令人不悅，如果我們聰明的話就不會忽略它們。對於在自己看來沒道理的現實因素，人們容易排斥或視而不見。我常聽到中學生抱怨他們所學的科目「一輩子都用不到」。他們會說：「我什麼時候需要用到代數？我要成為專業的運動員！我想不通為什麼我要在乎代數？我根本就沒必要去學。」從更基本的層面上來看，他們真正要問的也許是：「為什麼我要在乎沒道理的事情？只有我想或我要的東西才重要，對吧？」再想想看，學生不用在乎數學，也許是真的。不管他對數學的意見如何，仍然需要通過考試才能畢業。最後要考慮的因素就是我們生活的現實和周遭的構成要素。我們周遭的資訊很重要，是因為那是真實世界實際運作的方式。你可以討厭它，可以不認同它，但是你對事實的感覺真的並不重要。事實就是事實。就像布魯斯宏斯比與方位樂團（Bruce Hornsby & The Range）一九八六年的歌：「事情就是這樣，有些事情從來不會改變。」[2]問題在於你想按現實去努力，還是不屈不撓地反抗它。

我所說的現實因素，指的是事情目前的狀態。新資訊可能改變現實，但是你一定要就著眼前知道的事情來做。有些因素就像重力一樣，你相不相信重力並不重要，但如果你不那麼了解重力就有關係了。如果你打算從高高的懸崖上走下去，可能即將沒命。重力會將你的身體用力往下拉，令你摔得粉身碎骨。這些就是構成我們世界不可否認的因素，而一廂情願的想法並不能改變這些現實。

在思考「架構」的這一個步驟時，問問自己：「我周遭的現實因素是些什麼？」現實因素有很多種，第一種是觀察你的物質現實，這能幫助你獲得客觀性。

物質現實因素在與物質交互作用有關的決定上特別重要。既然我們的肉體生活在一個物質的世界裡，把這些因素納入考量便很關鍵。舉例來說，在決定怎麼把一張沙發搬出你的房間之前，要考慮它的重量和大小（以及你自己的身體狀況）。客觀的物質因素透過你的五種感官蒐集而來：視覺、聽覺、味覺、嗅覺和觸覺，描述觀察到的內容，利用顏色、質感、重量、溫度和大小等形容詞。你可以從地點開始，從迪士尼樂園到自家後院都可以。描述那個地點裡的物質構成要素，像是街道、山和令你目不轉睛的摩天大樓。弄清楚世界裡的物體的物理特質，像是岩石的密度、你要搬到客廳的沙發的重量，還有在廚房裡放了兩個禮拜、腐敗惡臭的垃圾氣味。這不是在討論哲學、量子物理或精神疾病，我們只是在陳述存在於一個健全心智和人類身上的現實狀況。一個檢視物質現實的好方法，就是看看你的資訊是否符合那個值得信任的人的觀察結果。

雖然許多艱難的挑戰並不需要這麼具體的物質因素，不過客觀性的原則會令人很受用。練習描述的技巧，能幫助你做出更好的選擇。不良的決定往往來自於錯誤的假設，因為我們直接一頭栽入「明顯」的結論裡。舉例來說，馬路對面有位女士，由於她往你這個方向看過來的表情，讓你以為她在生你的氣。首先，你怎麼知道那位女士在生氣？也許她天生臭臉，或者也許她想事情的時候就是那種表情。你怎麼知道她是在生你的氣？那位女士也許胃痛不舒服。也許她是在對你身後餐廳大排長龍的人潮感到心煩意亂。可是你被激怒了，因為你以為她在瞪你，於是罵她。但令你們詫異的是，她很錯愕，因為她根本沒在注意你！這種狀況十分尷尬。

記住，我們沒有人會讀心術，所以別著急，在你做假設之前，先花點時間分析狀況，不要一開始就把事情區分成好的或壞的。有時候，我們不去了解所有的事實，就逕自把人或事歸類為「壞的」，這種情況特別有害。如果我們不先分析狀況，也許就錯過了某些機會或誤下了什麼判斷。懂得敘事分析，你在思考和感覺之間才有嚴明的區隔。上述例子中的女士可以被描述成「眉頭緊蹙，眉尾下垂」，就是這樣，你要學著多觀察。敘事和停頓讓你有機會更清楚地評估局勢，以免做了不夠完善的結論。

第二種是社會文化的現實。這些因素包含人文概念和衡量方式的多樣性因素，像是年齡、種族、種族特點、國家、體格大小、失能、性別、社會經濟地位、教育程度和原生家庭。在我們的社會裡，這些影響會造成各種程度的價值觀。人類團體和媒體會傳遞出訊息，告訴我們哪些特質受不受歡迎。儘管我相信所有的人都有美和價值的特性，但是鄰居也許不是這麼想的。我們不需要一致認同哪些特質是好的或壞的，只要記住社會上也許有不同的觀點，我們才能適當地與其他人互動。對於影響我們想法和感覺的這些現實，我們對其都有絕對明確的信念。還記得尚．皮亞傑的「模式」嗎？了解我們自己的偏見，承擔自己的想法，才能防止在無意間做出決定（也叫做隱性偏見）。當我們對周遭的社會文化影響有所警覺的時候，才會開始重新評估那些信念。

辨明現實因素的另一個好方法是，列出在控制範圍裡、外的影響因素，這也叫做內控與外控。拿出一張紙，從中間畫一條線，畫出兩個欄位。其中一欄的標題是「在我控制範圍內的因素」，另一個欄位是「在我控制範圍外的因素」。許多人的控制範圍內清單比控制範圍外清單短了很多。我們無法控制天氣、家庭成員、種族特性、別人的意見，甚至是我們當下的感覺。這就是現實世界，我們一生中的各種因素大部分都在自己的控制之外！那些控制範圍外的因素就是外在現實，我們要在那樣的現實中互動和做決定。

在控制範圍內的因素，是我們的內在現實，在這個現實裡，我們有直接的影響力。有些內在因素包含了我們選擇秉持的信念、態度，有時候甚至是自己的呼吸。在我們控制範圍內的因素也許有限，但那正是我們選擇的歸屬。

在做決定之前需要辨明所有的現實因素嗎？當然不用。所有的因素太多了，而且並非每一個都適用於自己的決定（即使福爾摩斯也是如此）。熟練「架構」的條件之一是，知道哪些是需要思考的關鍵資訊，哪些是不相關的。如果我掙扎著思考要帶什麼菜去參加鄰居的聚會，那他家門是紅色的這個事實就跟我的困境無關。反過來說，如果在某個聚會上除了你以外，每一個人都穿黑色正式服裝，那麼這也許是值得注意的事情。做最佳決策的時候，我們不能忽略有關鍵性影響的因素。但可惜的是，我們都有偏見與限制。意識到這些因素，能幫助你辨明最適合去做或說的事情。我並不倡導只根據陳規或任何情緒來做決定，你要知道可能產生什麼樣的影響，並且避免讓自己陷於無知。這麼做的目的不是要衡量每一件事情，而是要考量可能的反應和結果。

文化敏感度是融入現實因素相當切合實用的方法，不幸的是，我是透過自己的痛苦經驗才學到的。二〇一七年，我在匈牙利主持一個培養領導能力的工作坊。我和團隊設計了一個活動，在一個想像的社會裡有超過六十名參與者，喚起自己未意識到的價值觀。那個遊戲涉及金錢、權力和社會地位，這些因素挑起了大家的匱乏、壓力和競爭。遊戲結束後，我分享自己對遊戲的觀察結果，並且談論今日社會中的矛盾。

聽眾大部分來自於第一世界國家，像是美國、加拿大和台灣，所以我說明他們的特許地位與上帝的召喚之間有什麼關係。談話結束之後，我的同事嚴肅地把我拉到一旁，說我的意思冒犯到貧窮的地主匈牙利人，無意間傳遞出「上帝特別的召喚是保留給特許的人」。回想起我剛剛說的話，我的心不禁重重往下沉。我沒意識到全部聽眾的類型，並且對地主發表了文化不合宜的談話。在小組活動的時候，我怯懦地走向匈牙利隊，為自己的言論致歉。幸好，匈牙利隊非常親切，他們了解我言論的背景，並未解讀成任何負面或牽涉個人的事情。自從那次經驗之後，我學會在任何場合對現實因素提高警覺。

結論

要知道，我們的現實可能因為誤解而改變。無論見解如何，物質現實都是存在的，但是我們對那些現實的解讀更重要。菲利浦・麥格羅博士（Dr. Phillip McGraw）提出「沒有所謂的現實，只有你的看法」。[3]即便事實存在，但是我們的著眼點和如何解讀那些因素，會塑造出我們的經驗現實。我們知道自己不是神，所以無法知道任何人或任何情況的一切。我們遇到重重的限制，只知道片面的情況。我們自己的模式和價值觀系統，可能對現實造成某種程度的誤解。我們要避免把一位女士的皺眉頭推斷成「她在生我的氣」，事實上，她有偏頭痛，而且剛好往我的方向看過來。

從你的感官開始，在解讀任何事情之前先描述自己的觀察結果。對現實因素保持客觀，能幫助你退一步思考問題，想想其他的解讀方式。如果有疑問，就找一個你信任的人，例如朋友或諮商師確認你的解讀。

也有些情況不合常理，迫使決定逆向而行。一九五五年十二月一日，羅莎・派克斯拒絕只因為她是黑人就要讓出在公車上的座位。她知道所處的社會充滿種族歧視，「隔離但平等」規則不公平地賦予白人優先權。羅莎知道自己在現實中遇到的麻煩，以及可能的暴力對待。評估過代價之後，她故意選擇留在座位上。這讓她遭到逮捕以及在阿拉巴馬州找不到工作。[4] 她為什麼要那麼做？羅莎．派克斯考量到文化現實，但是她無法抗拒自己的公平價值觀：因為自己的膚色而要讓座，那是一種道德錯誤。她的價值觀勝過了種族歧視的文化現實，她的決定促成了非暴力群眾遊行，進而興起了美國民權運動。很顯然，她不會想讓自己受到傷害，但是不斷的歧視是一種忍無可忍的現實。那就是為什麼現實因素只是「公式」的一部分。羅莎．派克斯考慮過代價，然後不管怎樣都要做出真誠的決定。我們需要根據現實因素做出良好的選擇，但是也不能只憑那些因素就支配了我們所有的決定。

現在，我們已經看過了「架構」的四大要點：情緒、自我價值觀、他人的價值觀和現實。當你檢視一個要點的時候，每一章都會提出你需要問自己的問題，讓自己對情況有更好的理解和評估。「架構」的這些問題為你提供任何協助，現在，是把它們匯集在一起，做出你的最佳決策之時！

第9章

建立架構

「我現在就要答案！要剪紅線還是藍線？如果你弄錯了，整棟大樓都會爆炸，你所愛的人都會死。你只剩下幾秒的時間，快做決定！」

夠劇烈吧？那些電影情節加速腎上腺素的分泌，因為主角正處於生死關頭。我看過一齣叫做《24反恐任務》的連續劇，男主角的名字是傑克·鮑爾。身為反恐小組組長，鮑爾要保護美國二十四小時內的安全。[1]分秒必爭，而且要迅速決定。我一直很懷疑：「難道傑克都不用吃飯、上廁所嗎？」行動一個接著一個，簡直沒有休息。這是你的日常嗎？幾乎不可能。

「需要做決定」這種事情也許令人迫切，但是我們**很少**必須立刻做出決定。事實上我相信，「等待」有利於大部分的決定。如果我們先停下來使用「架構」，極可能做出更好的決定。我看過一些執行密集任務的專員和現場急救人員，他們大部分人在採取行動之前，都會給自己思考的時間。柯林·鮑威爾（Colin Powell）的四十／七十法則指出，人類需要四十%—七十%的資訊才能做出良好決定。蒐集到的資訊若不到四十%，往往造成不良的選擇，但是等待七十%以上的資訊，有可能錯失良機。分析師史蒂芬·安德森博士（Dr. Steven Anderson）寫過關於領導才能的書，根據他的觀點：「下一次當你遇到難以決定的事情，就學學柯林・鮑威爾，蒐集足夠的資訊去做經過充分評估的決定，然後相信你的直覺。之後你會慶幸自己有這麼做。」[2]「架構」蒐集了重要資訊，所以你的直覺能夠根據那些條件做出正確的選擇。

在真正緊急的情況下，為了利於迅速做出決定，便要考慮調整「架構」。莎賓娜・柯恩哈頓（Sabrina Cohen-Hatton）是消防總監，也是《熱力當前》一書的作者，她研究出一套三問程序，叫做「決定控制流程」，能幫助現場急救人員在壓力下做出決定：

- **為什麼我要這麼做？**在這種情況下，我最終的目的是什麼？這麼決定能讓我達成目的嗎？
- **我期望的發展是什麼？**這個決定會如何影響情況的進展？
- **如何讓這個決定的益處大於風險？**能夠明確地指出這些益處如何有利於你和你周遭的人嗎？[3]

這些問題有助於提升對周遭情況的警覺心，並且減少人為錯誤。它們能讓你把注意力放在問題上，幫助破除恐懼和無力感，迅速做出決定。我要再次提到，透過「架構」，大部分的決定都可以做得更好。

軍隊裡有兩種主要活動：戰術與策略。戰術活動用於「大難臨頭」的時候，士兵們需要成功地脫離混亂狀態。迅速思考和反應是防止士兵喪失競爭優勢（可能造成死亡）的關鍵。但是，即使是規模再大的戰術活動，也必須經過長時的策略規劃和反覆演練。

從前我在美國陸軍服預備役的時候，我們有一隊步兵在演習中示範如何清空暴徒的房間，四名士兵的動作迅速到令我印象深刻。從在門外排好隊到舉起萊福槍占據房間的四個角落，只花了幾秒鐘，快到不可思議！當我的醫療小隊試著清空房間時，動作又慢又笨拙，實在無地自容。幸好，國家並不是靠我們這種醫療小隊來作戰的。步兵們很親切地說明他們的速度：「我們經歷無數小時的作戰訓練，直到連在睡夢中也做得出來。所以，當混亂的槍戰發生時，我們才能夠不需思考而自動做出正確反應。」這些士兵示範了最佳決策的力量，而他們的最佳決策來自於不斷地練習健全的習慣。

策略活動包含遠見與規劃。想像在一間戰略室裡，好幾位將軍圍著桌子，在地圖上移動棋子似的東西，這就是俯視或鳥瞰圖。決策者站在一個可以看到全景的地方，考量所有的因素同時謹記目標，然後決定要怎麼做。策略在乎的是目的（原因）背後的行為，並且推論什麼樣的行為才能達到想要的結果。

最佳決策需要策略，也需要戰術。「架構」便是策略，而執行決定便是戰術活動。假如戰術觀點是樹，那麼策略就是森林。如中國的軍事策略家孫子在《孫子兵法》中指出的：「沒有戰術的策略難勝，沒有策略的戰術必敗。（謀無術則成事難，術無謀則必敗。）」[4]沒有誰比誰更重要，而策略就像打仗前的準備。「架構」幫助我們在達成任何可行決定之前，以目的、價值和長期的目標來看整個局面。那就是我們的想像所扮演的角色。身為一個人，我們有能力在真正採取行動之前，先思考可能的情節和行動。這是一項很大的優勢，因為在做決定之前先徹底思考，並不產生真正的結果或消耗資源。我們要善用自己的能力，透過我們的大腦徹底思考「架構」中的所有因素，檢視選項，然後做出經過充分評估的可靠決定。

雖然並非所有的決定都需要「架構」，但是大部分的決定都可以從中獲益。因為做決定是依據優先順序的，就像在巧克力冰淇淋和草莓冰淇淋之間做選擇，用感覺來決定就夠了。你也許不會用到「架構」的全部，但是有些因素要考量的時候，參考「架構」也許會比較快。就像冰淇淋口味的例子，跟別人的價值觀無關，因為這是個人的選擇（除非朋友希望你能分享一起吃），唯一要考量的因素是你對口味的感覺。你想要什麼樣的特質（例如，我想要比較甜的？或奶味、水果味更重的？），而現實因素（例如，這裡只收現金，這家商店只有八種口味，限制了我的選擇）。你可能只要花幾分鐘跑一下「架構」的整個流程，就能做出決定。即便如此，你在做較大的決定之前也要做好準備，先用小的決定來練習「架構」。

關係著重大結果的主要決定，一定要使用「架構」。如果你在做決定之前需要幾分鐘來思考，需要更多時間來傳達自己的需求，就暫停一下。譬如說：「可以給我幾分鐘嗎？」或者「我晚一點回覆你。」人們往往沒意識到他們所表達出來的迫切性，當場就要答案。面對他們的焦急或不耐煩的時候，別投降！對於許多人來說，學習設定界線和使用「架構」，是成功做出最佳決策的關鍵。使用「架構」的主要優點之一就是，它迫使你在倉促決定之前先放慢腳步，並且確認自己的狀況。

現在來複習一下，我們面對重大的決定，而且要用「架構」去做出最佳選擇。先從情緒著手：「我的感覺如何？為什麼我會有這樣的感覺？」你的情緒（尤其是比較顯著和強烈的）通常是「架構」有多麼被需要的指標。具有憤怒、恐懼或難過等強烈情感，就是在告訴你要注意情況，並且推論出這個情況為什麼這麼重要。

然後，考量你自己的價值觀：「對我來說，重要的是什麼？」檢視自己的價值觀系統，看看在這個特定情況裡，哪些價值是被排在前面的？最令你困擾的事情，往往與要緊的事情有關。有時候，這個價值也許會取代另一個價值，但是兩者是不能混為一談的。舉例來說，你也許在完成任務上很重視速度的價值，也重視準確性的價值。在另一個情況下（例如填寫報稅表格），準確性比速度來得重要，儘管你希望快點完成手上的工作，才能做別的事。你的自我價值觀決定了要如何呈現自我，以及在任何情況下，你想要的優先順序。

接下來是他人的價值觀：「對事件關係人來說，重要的是什麼？」如果我們的目的是創造雙贏的局面，就需要考量其他人的需求，尤其是當他們的需求並未和我們的重疊時。在許多狀況下，當我們尊重和實現他人的願望時，尤其是將人際關係看得比自己的議題還重的時候，我們也會得到互惠法則的回饋，自己的需求亦得到滿足。辨明對方的需求和渴望，才能在共同合作下協助實現那些需求和願望。花些時間弄清楚對方的目標，你可以提出問題或研究價值觀的組織架構。

最後，考量你自己的背景：「我需要考慮的現實因素有哪些？」我們生活在一個真實的物質世界裡，有資源，也有限制。只是希望事情如我們所願地發生是不夠的，我們擁有物質現實，也有影響了文化和環境的各種因素。要實事求是，學習憑著自己擁有的去努力，否則只是自我欺騙，到頭來，我們想要的終究不會實現。如果你試著達成從未做過的事情，要牢記，有些現實因素是尚未經過判定的，所以要把你的自我價值觀當作基本指標。把所有的「架構」資訊都化成最簡單的用語，好讓自己對問題有更清楚的概觀。當你轉換到「架構」時，最佳的解決方式往往就自動浮現了。

使用「架構」的技巧，會隨著時間而愈趨完美。就像大部分的技巧一樣，若要熟練，就必須經過練習和修正。以學習打字為例，了解機器並不能轉換成迅速準確的打字能力，懂得「架構」只是公式的一半。如果你覺得這整個過程浩大得匪夷所思，也許就做對了！獲得一項新技巧，在剛開始的時候常常感覺不太自然。你也許需要重新檢視問題，也許要多花些時間問一些更深入的問題和了解自己的答案。也許你蒐集到的資訊並不適當，無法做出最佳決定；也許你已經有了最佳的解決之道，最後卻沒有選擇它！這一切都是正常的。

「知」只是成功的一半，另一半是實現和堅持到底。我在第十章裡會談到，這時候，你需要不懈的勇氣和洞察力來實現最佳決策。我對你的鼓勵是隨著時間，使用「架構」會變成第二天性。它就像是在鍛鍊肌肉一般，只是你可以毫不費力地思考「架構」。「架構」會變成你在處理資訊時不用特意思考的一部分，而在微調流程時，你做決定的妥善性也會持續提高。

現在我們來練習使用「架構」。想像你是最新的 iPhone 設計團隊的領導者，在這個重要專案上有好幾個團隊共同合作，而距離產品推出的期限只剩幾個禮拜。已有許多媒體大肆報導這支尖端手機的上市，各界對它也有很大期待。你的團隊結束他們在專案中的工作，但你發現研究部門的報告裡漏了一項重大資訊，這項資訊將會影響 iPhone 在量產前的打造方式。缺乏那項資訊，你的團隊便無法繼續進行。研究部門的主管埃米爾是個很難找的人，你已經寄了好幾封電子郵件，也在他的電話裡留了一通留言，但是都如石沉大海般。你該怎麼辦？

在這個情節裡，先深呼吸，然後檢視要蒐集的「架構」資訊：

- 情緒
- 自我價值觀
- 他人價值觀
- 現實

檢視每一項因素，弄清楚它的內涵和原因。

情緒：確認自己的狀況。你感覺如何？具體指出你有哪些情緒。在這個情況裡，可能有多種情緒。你也許很挫折和焦慮。再深入一點，為什麼你會有這樣的感覺？挫折暗示了有期望未被滿足，你感覺事情不公平或不正確。你的期望是什麼？

領導自己的團隊在限期前完成專案，並且還有時間再約略檢查一遍。但事與願違，進度被研究團隊耽擱了，而且能夠回應的同事在躲著你。那麼焦慮代表什麼？焦慮是害怕的一種形式，令你不眠不歇地避免潛在的問題。它也會使公司的努力倒退好幾個禮拜，因為產品還不能上市。現在你的大腦裡上演了最糟糕的情節，產品未能順利上市，使消費者的信心大打折扣，公司品牌喪失信譽，然後你被炒魷魚。你的感覺瞬間變成負面情緒。

自我價值觀：我的價值觀是什麼？既然你已經弄清楚自己基本的核心價值觀，先檢視你的清單，看看在這個情況裡，哪些事情最重要。和這個情況有關的價值觀也許包括正直、努力工作的道德標準、和諧的關係、優秀和領導才能。定義每一個價值觀對自己的意義。正直是做一個說話算話、心口如一的人，你的目標是做一個思想、感覺和行為一致的人。努力工作的道德標準反映出，你甘願為了完成專案而做出任何必要的付出。和諧的關係是和同事以親切、互相尊重的態度一起工作。優秀是以最高的品質，及時執行專案。領導才能是知道你的團隊值得被關注，也應當獲得完成專案的指引。檢查你的價值觀，會發現焦慮和挫折反映出的是你擔心會辜負了這些價值觀。在這些價值觀裡，最重要的一個也許是提供良好的領導才能，它同時也包含了優秀、正直、努力工作的道德標準與和諧的關係。

他人價值觀：對於事件關係人來說，他們重視的是什麼？在這個劇情裡有幾個關鍵角色，分別是和你一起執行專案的團隊同仁，另一個部門的領導者，你的老闆和組成這個公司的其他同事。想一想促成每個人決定的動機。你的團隊同仁重視的東西也許和你的差不多，像是把工作做得很出色、在期限前完成工作，或許也希望他們認真的工作能獲得認同。你的老闆和公司裡的人重視的價值也許很類似，像是能成功且及時地推出產品，這樣才有利於品牌和公司。那研究部門的埃米爾又怎樣？你不妨思索一下，這個人重視的是什麼？也許埃米爾重視成就，那就是為什麼他忙於各種事務，所以很難聯絡的原因。也許除了這個專案之外，他還有更需要關切的任務。如果有疑問，或許找個你信任又比較了解他的同事談談。假設你有一個同事塔托，他知道埃米爾是個「眼不見為淨」的人，常常拖延回信和回電。塔托相信埃米爾在乎工作表現，而且對升遷很有野心。

現實：這個情況裡要考量的因素有哪些？也許包括了工作文化、個性因素、專案因素和限制。工作文化看來是動作迅速、目標導向和團隊合作。埃米爾的個性特色是隨和，不慌不忙地過了幾個禮拜才會回覆訊息和電子郵件。你的團隊同仁也有對於專案來說是優點或缺點的其他個性。你記得同事史蒂芬妮和埃米爾的關係很好，或許比你更容易和他聯繫上。專案的期限即將截止，將產品交給製造部門之前還需要幾天重新審視一番。另一個可能的現實因素是，埃米爾和研究部門相信他們的報告已經完成了，並未注意到任何缺漏的資訊。

匯集到以上的資訊之後，你就開始列出選項。歸結起來，核心議題看起來是幫專案取得遺漏的資訊。身為一位領導者，你的責任是取得資訊和設定切實可行的期望。取得資訊也許有好幾種方式，其中一種是顯示自己的權威，親自要求埃米爾提供資訊。另一種選項也許是逐級上報，聯繫埃米爾的上司，然後陳述你的問題。不過還有另一種可能的選項，就是讓史蒂芬妮這樣的團隊同仁向研究部門的團隊成員打聽，取得遺漏的資訊。

那麼，哪一種才是正確的選擇？我不曉得，也許答案沒有對錯之分。在大部分的情況下，並沒有完美的答案。你把問題的頭緒整理得很清楚，得到了解決問題的幾個可能選項。「架構」的目的並不在於挑出毫無問題的答案，而在於推斷出重要的資訊，來幫助你形成創造性的解決方案。如果你要私下問我，我可能會選擇一個將所有的點子都整合起來的選項。我會寄一封電子郵件給埃米爾，告訴他，我需要研究團隊所遺漏的資訊，並且把我們的上司加到收件人裡好釐清責任。為了把事情弄得更清楚，我會拿出原本的報告，指出遺漏的部分，但同時也會提到那份報告在其他方面多有幫助。我會和團隊溝通，一起設計出幾種模型來彌補缺漏的資訊。我還會請塔托和史蒂芬妮去找研究團隊的其他成員打聽消息，或想辦法和埃米爾取得聯繫。然後我會定下後續的約期，即使周遭的許多事情都不在我的控制範圍內。

現在，接下來的新故事就是真人真事的困境了。在閱讀人物的反應之前，先研究一下劇情，然後自己練習使用「架構」。

劇情一：「別阻止我！」

蘇菲亞是一名三十歲的墨西哥女性，偶爾住在爸媽家。她十分渴望發展自己的事業，但是她爸媽希望她能接手已經傳承四代的家族餐廳。蘇菲亞在國外就讀高中、大學，希望國外的教育能夠幫助她在墨西哥發展事業。過去幾年來，她似乎無法對同一個事業堅持到底，接著又一頭栽入其他機會裡，結果一無所成。和她親近的朋友鼓勵她參加一項到非洲援助兒童的人道援助之旅，為期十天。她想參加那個旅程，但是那會花掉大部分的存款。再者，這項旅程看來和自己的生涯沒什麼關係。蘇菲亞主要擔心的是：

- 我應該放下目前的事業，全心投入這趟旅程嗎？
- 我要怎麼得到爸媽的允許和支持？
- 如果我參加旅行，另一方面要怎麼避免財務崩潰？

暫停一下，練習用「架構」去找出你的答案。

蘇菲亞的「架構」

情緒：我對自己和工作情況很挫折，因為到目前為止，我的計劃沒有一個是成功的。我很迷惘，因為事業前景不明。我無法決定要什麼樣的計畫，因為我害怕失敗。我不想因為自己的事業毫無起色而讓爸媽失望，而且如果最後我頂著國外學歷回去接手餐廳，我的自尊心會受傷。另外還擔心和密友參加到非洲的人道援助之旅，因為旅費很貴，我也許就沒有足夠的資金繼續投入於事業。

自我價值觀：我評估自己的獨立能力，和是否有能力創造出將我的獨特性格融入在工作中的某種東西。我想向自己和別人證明，我有成功的條件。我愛我父母和那些支持我的人。我想把自己的事業看得更清楚，並且擺脫一事無成的老樣子。我重視抓緊生命中美好事物的膽量和勇氣。我相信上帝正在看著我，也正在引導我的人生。

他人價值觀：我的爸媽重視家庭和傳統。他們希望我經濟有保障，並且健康、快樂。我爸媽相信，接手家族餐廳能夠保障我的財務狀況，就像許多的家族成員一樣。上帝重視我對祂的信任，相信祂會照料我的需求和規劃。我的密友希望我去非洲旅行，因為這能堅定我的信仰，並且開拓新的視野。她也重視我們之間的關係，希望我能和她分享一些在非洲的獨特經驗。

現實：非洲之旅要花兩千美元，我銀行帳戶裡的錢大概就剩兩千美元，而且不能保證回來之後，我對事業能有更明確的想法。我現在對事業剛好有個點子，但還無法確定。踏出我的舒適圈探險，無非是基於對上帝的信任。如果沒聽父母的話接管家族事業，他們很可能會失望。如果我中斷自己在事業上的追求而接手家族事業，我會變得像行屍走肉一般。不管我在生涯上做什麼樣的選擇，爸媽依然愛我。這種非洲之旅的機會大約每三年會出現一次。

根據蘇菲亞的「架構」，她有以下選項：

- 放棄自己的夢想，實現父母的願望，經營家族事業。
- 繼續自己的事業規劃，投資在更多的訓練和教育上。
- 參加非洲之旅，增廣見聞，實踐她的信仰。

你在檢視她的選項時會發現，每種決定都各有好處和代價。選項一是維持現狀，安撫了每一個人，除了她自己。選項二看來是個合理的選擇，儘管過去幾年，她因為缺乏方向所以至今還沒成功。從「架構」的資訊上來看，選項三似乎是與她的價值觀最一致的。她可以運用信仰，暫時遠離目前的處境，並且得到一些新見識。她的決定是做有意義的事情，也許還能幫助非洲人和她的密友。選擇參加非洲之旅也許會用光積蓄，令她父母焦慮不安。蘇菲亞愛她的家人，所以不管她父母意見怎麼樣，但她尊重父母，也許需要和爸媽溝通。從非洲之旅回來後，也許接著就是選項二，財務問題：「這個經過充分評估的決定是我根據這個情況所能做的最佳決定嗎？」

⌖劇情二：為了團隊所做的選擇

四十五歲的拉米爾和太太諾維娜有三個年幼的孩子（泰拉、馬優米和克里山托）。拉米爾從小就知道自己的爸爸是首屈一指的麵包比賽冠軍，但是家裡的經濟狀況捉襟見肘。他目前在城市裡打零工，勉強維持生計。不過他很享受這樣的彈性工時，能有時間和家人相處。

最近，菲律賓國家石油公司提供他一個抽取石油的工作，地點距離他住的城市大約車程三小時。工作很穩定，薪水是他最高收入時的兩倍，工作內容包括處理天然氣的挖掘，相當危險。上班途中的路況很糟糕，所以上班日他會住在基地，週末才回家。令他猶豫不決的問題是：「我要接受這份工作嗎？」

暫停一下，練習用「架構」來找出你的答案。

拉米爾的「架構」

情緒：我對這份工作相當興奮，我能賺到兩倍的薪水！我不在乎工作環境的改變和全職工作的穩定性。這份工作可以提供家人更好的生活，所以我內心有需要接受它的壓力。然而讓我有點難過的是，它的工時太長，我會失去和孩子、太太相處的時間。此外，危險的工作環境、不可靠的通勤狀況和工作日無法回家，也讓我有些憂心。

自我價值觀：我重視責任和養家的能力。如果能讓我的家人得到更好的生活，我願意長時間努力工作。我的家人對我來說十分重要，所以我希望能多陪陪他們，我喜歡送孩子上學和與太太無拘無束地日常談笑。

他人價值觀：我太太希望我有養家的能力，但是由於在油田工作的風險，她憂喜參半。比起金錢，她更重視我的健康和安全，因為「還有其他的辦法可以賺錢」。諾維娜也分享她對於孩子有爸爸陪伴的價值觀，對她而言，我花時間陪伴孩子是很重要的。我的孩子一致認為，我在工作日不能陪伴他們真的令他們很難過。

現實：在大城市裡為了打工而不停奔波，壓力相當大。抽取石油的工作非常危險，我可能會受重傷，甚至在工作中死掉。新的工作會剝奪掉很多我和家人相處的時間。兩倍的薪水能讓我的家人償還一些債務，提供孩子教育費用，他們才有能力迎接未來的挑戰。

拉米爾根據自己的「架構」，整理出以下的選項：

- 接受新的工作，做一段時間以償還債務，之後再尋找其他的工作機會。
- 拒絕新的工作，更積極尋找其他工作機會。
- 接受新的工作，賺更多的錢，但要犧牲安全和陪伴家人的時間。
- 拒絕新的工作，繼續在城市裡打工。

你也許注意到了，拉米爾的選擇並不是可以兼顧的，他只能選擇要或不要接受工作。可是，工作期間是可以有變化的，也不排除尋找其他工作的可能性。拉米爾需要的是，衡量出家人的經濟保障是否比他花時間和家人相處更重要。他要根據自己的核心價值來做選擇，這裡的答案依然沒有對錯。有鑑於家人對他來說十分重要，他可能會以家庭成員的角色來做決定。最終的問題是：「這是我對整個情況經過充分評估後所做的最佳選擇嗎？」

劇情三：事業權力轉移

蓋吉是一名三十歲的企業家，旗下有十三名員工。他的父親與爺爺都是成功的生意人，照拂他成長。蓋吉在二十一歲的時候開始人生的第一份事業，經營一間成功的紋身沙龍。然後他拓展事業，又開了三間店面。蓋吉會在紋身沙龍裡幫忙，工作三個整天，不過店裡基本上是由一位經理和一些員工經營，他付給員工的薪水很慷慨。最近他新簽了一份租約，要在一棟大樓裡擴展事業版圖，但是突然收到五名核心員工的辭呈，他們要自己開紋身店。他的營業收入頓時掉了四十%，讓他難以支付抵押貸款、新店面的租金、其他員工薪資和維持自己的生活。他的問題包括：

- 我要貸款，抱著生意能恢復到從前盛況的期望，並且能找到人填補那五名紋身師的空缺嗎？
- 我要報復那五個不打聲招呼就走人的員工，在他們事業有起色之前先摧毀這些競爭對手嗎？
- 我要把新店面分租出去，讓新店面同時容納其他的生意嗎？

在蓋吉的案例中，他最初的想法已經形成了幾個是非題選項。我會建議把那些最初的解決方案擺到一旁，然後利用「架構」找出解決方法。

暫停一下，練習用「架構」來找出你的答案。

蓋吉的「架構」

情緒：我真的很氣那五個離職員工，他們自己開店，成為我的直接競爭對手。

我覺得被背叛了，而且令人難過的是，我以為我們像家人一樣，他們卻不事先和我討論。我的事業面臨負債的窘境，也讓我沮喪。如果我的前員工有事先和我討論他們的計畫，我可以暫緩租店面的事情。奇怪的是，我也對那幾個前員工能夠自己創業感到驕傲，因為他們是從我的店裡訓練出來的。我對自己的財務狀況有些焦慮，因為我大部分的錢都投入在事業裡，仍然要支付帳單和員工薪水。

自我價值觀：我重視自己事業的成功，那代表經過風險評估和計算所掙得的收益。我為自己驕傲的是，我很照顧員工，而且建立了一手打造出來的事業。我重視健康的友誼和夥伴關係，我相信做事要秉持誠正的心。身為一個有道德感的生意人，我在乎自己的形象和名聲。我喜歡工作中的多元性和創造性，重視高品質的員工，因為我知道這是最佳的長期策略，而且能促進更有趣的工作互動。

他人價值觀：前員工或許渴望經營由他們自己打造的事業，就像我一樣。他們想成功，但沒有告訴我，或許是因為不想起衝突。我和那幾個前員共事許多年了，理想上，他們可能想創造一個雙贏局面，離開我的公司極可能並非出於惡意攻擊。我目前的員工有他們自己的需求，而且想繼續領薪水。他們繼續和我一起打拚，因為他們重視我們的工作文化——放手讓員工表現。

現實：新店面的租期為一年，必須在三週內支付第一筆款項，我有足夠的錢支付三個月的租金。隨著五名員工離開，公司現金流滑落了四十％，影響到我支付其他八名員工的能力。由於某些條件的改變，紓困或共同租賃也許能讓我擺脫資金不足去支付新店面的窘境。尋找和僱用一個優質的刺青師，一般要花三個月的時間，也許更長。顧客到我店裡刺青，是因為我獨特的品牌和客戶服務。我的沙龍在網路上有無數見證和極高評價，使我具備競爭優勢。刺青藝術是一個很小的圈子，報復我的前員工只會使我們像家人般的文化令人失望。

根據蓋吉的「架構」，他有以下的選項：

- 我可以懲罰那些離職員工，利用人脈趁他們的生意有起色之前摧毀它。
- 我重視我們之間的關係，所以會讓他們知道他們對我造成的傷害，然後支持他們，維持家庭文化。

- 我可以冒險地及時僱用新的刺青師，使我的財務得以支援新店面和其他支出。如果這個方法行不通，那我可以貸款，同時繼續前述的努力。
- 我可以放下身段，把店面分租或整個轉租出去，暫緩開拓事業，把資金用於支援目前的生意。
- 我可以想辦法把新店面脫手，即使必須支付違約金。

你在看蓋吉的選項時會發現，其中兩個選項在處理與前員工的關係，而另外三個選項在處理跟店面有關的資金問題。基於他對紋身事業的情感和對企業家精神的重視，他也許想和那些前員工重新聯絡，一方面坦承自己的感覺，另一方面看看是不是能想出什麼辦法。如果蓋吉相信他有能力找到優質的刺青師，也許會決定繼續拓展下去，承擔資金風險。他也許會選擇，把店面分租或轉租前先這麼試做一個月。他的解決方式也許已經考量到所有的選項，只是執行的時機有不同的時間點。

蓋吉也許會決定積極物色新的刺青師傅，同時尋找適合分租新店面的夥伴。等到下個月，分租候選人出現了，他再決定要不要僱用新的刺青師傅或分租店面。蓋吉也許會決定目前先脫手新店面，慢慢找優質的刺青師傅，等穩定了一陣子之後再擴張事業。不管是哪種方式，他都要保障目前的事業和員工，不能孤注一擲地僱用新人或分租店面。

結論

如同我之前提過的，「架構」也許無法提供最理想的解決方式，但是它能幫助你經過全面性的評估後再做決定。它讓你思考幾個需要處理的主要因素，才能做出良好選擇。至少，「架構」會讓你和自己以及信任的人對話，透過這樣的過程，才能浮現出一些選項的最佳組合。「架構」的目的也在於過濾掉不必要的雜訊和沒用的想法。最好的答案往往存在於灰色地帶，而不在於極端的黑或白，因為我們和一群複雜的人們生活在一個複雜的世界裡。但願這幾個故事為你示範了心理所需要的「架構」的運作方式。

即使是最好的解決方式也是透過「架構」發現的，但你不見得會實踐它。阻礙我們貫徹自己的選擇的，有心理因素也有環境因素。在接下來的幾章裡，我們會討論達成最佳決策的勇氣、重新執行和主導權的重要性。

第10章

勇氣：克服你的恐懼

我一生當中遇過許多立意良善卻無法做到的人。你有認識這樣的人嗎？他們嘴裡講的都是正確的事情，甚至能提出很好的建議，但是仍然一直過著困苦生活。宗教領袖聖貝爾納鐸（Saint Bernard of Clairvaux）及其他偉大的思想家相信，「通往地獄的道路，皆由諸多善意鋪成」。[1] 想做得好和真正做得好是兩回事。這種現象的形成有兩個原因，俗話說：「遠見不一定能帶來改變。」**知道**得更清楚，最後不一定都能變成**做得**更好。對此，布萊安．克來梅寫過一本書：《假如知道怎麼做就夠了，我們都會苗條、富有和幸福》。[2]《紐約時報》暢銷作家塔克．馬克斯（Tucker Max）是這麼闡述這個問題的：「通往天堂的道路，皆由諸多善行鋪成。」[3] 只有在你懂得運用的時候，知識才是力量。花點時間回想自己的人生，你所做的事情都有益於自己嗎？如果答案是否定的，歡迎來到凡人俱樂部。人就是這麼奇怪，不是嗎？我想處理這個議題是因為，利用「架構」和做出最佳決策，不一定表示你能夠貫徹決定。你愈清楚這個事實，就愈能夠扭轉局面。

當你做決定的時候，暗地裡有許多看不見的力量正影響著。雖然西格蒙德．佛洛伊德在人類心靈方面有些相當奇怪的理論，但是他對於人類經驗的描述能夠引起共鳴，幫助他們明確地表達出內心的衝突。佛洛伊德把人的精神分成三個部分：本我、自我與超我。[4] 雖然這些並非大腦實際上的部分，不過理論很貼切地描繪了我們精神上的內在緊張。

本我是人類原始、未經修飾的本質，充滿了強烈的情感和欲望。把本我想像成一個三歲的小孩，它想做的是當下覺得想做的事。你想吃塊蛋糕嗎？是的，我**現在**就想要！你想當眾打臉那名權威人士嗎？那就做吧！這就是本我，它是一批無意識的能量，受到原始需求和及時行樂的驅使。本我迫切地想滿足自己一切的需求，不計後果，事情發生了再說。你也許看出了受本我驅使的缺點，雖然受本我驅使的決定也許在當下的「感覺」是對的，但往往帶來無意造成的痛苦後果。猜猜誰要善後？就是你。從「架構」的角度來看，這種決定只受到情緒層面的驅使。

超我是你自己有道德、成熟的那一部分，把目標放在為你自己、他人和社會做正確的事情。你可以把超我想像成傳教士或聖賢，它是你有責任感、愛評論的大哥哥。它依據公平、健全的原則來做決定，不管你的感覺如何。你也許會想：「那應該是我們夢寐以求的目標！」在某種程度上，這是對的。僅受到超我驅使所做的決定，其問題在於不真誠，因為個人的欲望被父母和／或社會期望壓抑住。超我不顧慮本我，它的目標是行為要符合道德標準，即使解決方式不切合實際或是錯誤的。導致的後果是活在他人的認同裡，你的個體性完全被淹沒。從「架構」的角度來看，這種生活主要的依據是他人價值觀，同時忽略了你的自我價值觀。

最後，**自我**是本我和超我之間的協調者，其目標在於協調這兩者的需求。你可以把自我想成善解人意的輔導者或排行中間的孩子，想排解兄姊和弟妹的紛爭。自我維持和平的方式，是讓自私的本我和過度正直的超我免於相互廝殺。它考量本我的原始需求和超我的「高尚」需求，在做決定時，找出一個社會認可的方式來滿足兩者。自我協調兩者的要求，想辦法找出包含兩方的健全的中庸之道。從「架構」的角度來看，自我主要的考量是現實。然而，自我的盲點是其不健全的假設，認為穩定和保障就一定是好的。這表示，即使你過著平庸的生活，自我也不想「節外生枝」，以任何可能的改變危及穩定性。改變的感覺不太舒服，而且往往被解讀成不好的事情。有時候，現實因素會揭露一些限制，並且顯示哪些也許是好事，但是自我既不願突破極限也不願改變現狀。在運用「架構」並且貫徹正面的改變時，自我往往會釋出強烈的信號去阻止這件事情。

自我已經培養出許多創意的方式「維護和平」和避開痛苦，即使代價是你真誠的自我和解決問題。我在下方列出挑戰出現時可能產生的常見防衛機制，[5] 請將你有同感的項目記錄下來。

- **接受**：「我想事情就是那樣。」（即使仍有辦法改變現實。）
- **發洩**：「&$@# 你！我才不在乎！」（把情緒發洩出來，把注意力從更深的問題上轉移開。）
- **利他行為**：「我來幫你！那我呢？不用擔心我。」（這是一種比較利他的方式，藉著把焦點轉移到關切他人的問題來躲避真正的問題。）
- **逃避**：「我現在不想思考這個問題。」（這是拖延心態，將可能的痛苦延後，以換取暫時的紓解。）
- **轉換**：「我就是很奇怪地感覺喉嚨緊緊的，想咳嗽。」（這種心理問題會以生理狀況象徵性地表現。舉例來說，咳嗽和喉嚨緊也許代表一個人在面對老闆不公平的行為時，不敢對老闆說出來的無能。）

- **否認**：「問題？才沒有問題呢！」（這種狀況是創造了一個想像的世界，沒有所謂的問題，或是問題的責任已經轉移給別人了。）
- **轉移**：「我的狗為什麼這麼煩人？」（這種訊號把無法表達給適當對象——例如你的老闆——的壓抑感，轉移到比較安全的對象上。）
- **幻想**：「當她領悟到她對我的愛的時候，我的人生便圓滿了。」（這種錯覺會創造出過度簡化的解決方法，極不可能正好可以解決問題。）
- **幽默**：「我覺得那件上衣不管怎麼看都很怪異，像是我小學時才會穿的衣服！」（輕描淡寫是一種比較具社會認同的方法，但有時候沒考慮到一個人對問題真正的想法和感覺。）
- **認同**：「是的，我穿喬丹的籃球鞋，就和我其他朋友一樣。」（援引社會規範或周遭其他人的態度，以避免被排擠或感受威脅。）
- **理智化**：「為什麼我要難過？死亡是生命自然的一部分。」（把焦點放在事實，並且把情況正常化，好讓自己擺脫不舒服的情緒。）

・**被動攻擊**：「我想，只有愛我的人才會借錢給我吧。」（躲避對衝突的恐懼，但仍然間接表達出個人感覺。）

・**投射**：「我敢說他討厭和孩子一起做事。」（顯示出這個人對另一個人未表達出來的想法和感覺，相信另一個人一定是這麼想或這麼覺得。）

・**合理化**：「我考試沒考好，完全是因為教授沒把題目說清楚。」（利用藉口把決定或結果合理化，而不面對結果背後真正的原因。）

・**反向作用**：「真受不了大家都覺得那個老師很漂亮，我覺得她很醜。」（一個人對某個人或某件事有不接受的想法和感覺，他／她會創造相反的想法和感覺來抵銷他／她的衝動。）

・**潛抑**：「對已婚女性產生浪漫的感受，讓我很不舒服。」（這是對罪惡感和羞恥感常見的反應，心理把那些想法統統從意識裡排擠出去，但是那些想法可能藉象徵性的夢境或怪異的行為顯現出來。）

・**退化**：「哼，你不再是我最要好的朋友，以後我要自己一個人吃冰淇淋。」（藉著退回到比較不成熟和幼稚的反應，讓主張得到豁免，以緩解壓力。）

・**社會比較**：「至少我有一輛常在開的車子，不像我朋友只有一台腳踏車。」（將一個人的現況和優勢扯上關係，或批評別人的劣勢來讓自己感覺良好。）

・**二分法**：「你的車子只會製造麻煩。」（只把事情歸類為好或壞，不是黑就是白的極端想法使大腦容易用比較天真的方式思考。）

・**身體症狀**：「我在探望過爸爸之後感覺到劇烈的背痛。」（在某些文化中，身體或醫療問題比心理和情緒問題更容易讓人接受，所以注意力被轉移到身體疼痛上，無意間卻避開了真正的問題。）

・**昇華**：「我創辦一個基金會來協助因癌症而失去親人的家庭，以紀念我勇敢抗癌的女兒。」（以正面的方式、利用痛苦的經驗來應付它們，有時候的代價是真正領受過那種痛苦。）

・**壓抑**：「我拒絕經過菸酒專賣店，因為裡頭有酒和菸。」（這種主張反映出一個人特意推開令人苦惱的想法和感覺，它與潛抑不同，潛抑是無意識地去做。）

有幾個防衛機制跟你有關？我或許曾經在某些時候用過這些機制的大部分。防衛機制的目的在於幫助你疏通壓力源，然後盡量不受干擾地繼續運作。這些反應往往是無意識、自動和突然的。我們的目的並不是避開所有的防衛機制，也不希望只靠這些機制來做生活中的反應，因為它剝奪了做刻意的選擇的權力。假如你從另一個角度來看，會發現防衛機制往往發生於需要應付某個問題的時候。所以，類似於情緒的是，我們愈意識到這些機制和它們對真實問題的阻礙，愈能放慢速度，利用「架構」來解決主要的問題。雖然面對這些議題可能讓人很苦惱，但是我們必須讓無意識的舉動變得有意識，才能適當地解決問題。

這就是為什麼勇氣是「架構」裡最後一個檢核點的原因。一旦情緒、自我價值觀、他人價值觀和現實被整合起來去辨明最佳決策之後，就需要勇氣去採取行動。由於改變往往令人缺乏安全感，因此會產生焦慮和恐懼，自我懷疑就會占據你的大腦。「萬一我的決定沒有改善我的情況，該怎麼辦？」「萬一我做了這個決定，但是問題變得更糟，怎麼辦？」「萬一這不是最好的選擇，怎麼辦？」然後，由於多慮而無法執行一項決定，你只能把決定擱在一旁，毀了所有的努力。

恐懼和猶豫是自然反應，不是每一個最佳決策都令你感覺良好。有時候，你一旦做好決定，會覺得如釋重負，這些都是穩贏不輸的局面，所以你感到精力充沛又有掌控力！然而，有些決定與自我相互衝突，你覺得很害怕。為什麼？因為那些決定會引起變動和後果。心理和情緒上的防衛機制，也許會在此時阻止你採取行動。記住，反過來也是一樣：你的不作為也會產生後果，每個決定或不決定都會造成間接後果，保持現狀可能使問題永遠存在。未奮力爭取的不作為，會使你陷入一個不盡理想的狀態。不要活在「要是情況變得更好」的猜疑中。我們最珍貴的資源：時間，是不斷前進、絕不回頭的，人生短暫，我們不知道自己還剩下多少時間。辨明恐懼的原因、可能的後果和你做這個決定的重要性，無論結果怎樣。練習大聲說出你的恐懼和宣示真誠生活的真理，比維持現狀可貴多了。

你要怎麼提升勇氣？有幾種方法能夠幫助你貫徹自己的最佳決策。我們不再問：「該怎麼做？」而是問：「要怎麼繼續做下去？」在發生決定抗拒的時候，勇氣是「架構」的第五個檢核點。

把「架構」再演練一次，去找出核心的抗拒原因。檢視情緒，你現在呈現出什麼樣的情緒？為什麼你覺得抗拒？評估他人價值和現實因素，我相信如果自己挺身而出，會發生什麼事？我的決定對誰影響最大？想像一下你最糟的情況，會有多糟？不合理嗎？還是極有可能？評價一下這些可能後果的真實性。最好可以把那些後果唸出來或寫在一張紙上，這會產生更多的客觀性，並且把你的想法和感覺之間的距離拉開些。

現在，想像假如你選擇不做決定的後果。想像你愛一個人很多年了，但從來沒有勇氣告白。結果呢？那個人從來不知道你愛他，最後可能跟別人在一起，搬走了，或毫無徵兆地死了，你會活在永遠不知道那段感情是否有可能的遺憾之中。

我們先沉澱一下。那感覺如何？那樣的結果對你來說真的沒關係嗎？省思一下從未達成目標的情況，能幫助你用客觀理性的角度去看不作為這件事。

你的抗拒也許是所謂的「沉沒成本效應」現象，為了把過去的損失合理化，人們會抗拒正面的改變。想像你用一百元買了一輛車，這個機會好到不能放棄！你坐進新車裡，開了幾分鐘之後就拋錨了。你把車子送去修理，修車師傅說車子內部零件壞了，修理費要兩百五十元。你現在進退兩難。要修理那輛車嗎？如果選擇不修理車子，就必須承認浪費了買車的一百元。如果選擇修理車子，花在車子的費用現在總共是三百五十元，但是仍然比一般車子便宜，對吧？所以你決定修車，然後再開回路上。你開了幾公里之後它又拋錨了，這次修車師傅說修理費要五百元，你又陷入相同的困境。這輛車是瑕疵品，很不可靠，會讓你花掉比它們本身價值更多的錢。而這不只是錢的問題，還耗費時間、能量，帶來痛苦。讓人陷入於反覆「修理」的是冀望挽救和逃避錯誤。你正處於這樣的狀況嗎？

不管你面對什麼樣的困境，都要與「沉沒成本效應」搏鬥，不要讓它阻礙你的行動。要記住，過去的成本和維持不良決定的未來成本，不值得為了彌補已經損失的時間和資源，而永遠維持在不好的狀況。不作為就像作家暨基督教護教學家拉維・撒迦利亞（Ravi Zacharias）口中的罪惡：「罪惡所造成的影響，比你想的深，比你想的久，要付出的代價也比你想的多。」[6]說得好！如果現狀並不真的令你困擾，也許情況沒那麼嚴重。但是記住，你的自我也可能說服你維持現狀，所以要對自己赤裸坦誠，一成不變真的沒關係嗎？你可以欺騙別人，別人最後也許會、也許不會發現。但是當你欺騙自己的時候，沒有人可以拯救你。「不作為是沒有人受害的行為」，別淪為這個謊言的犧牲者。你未來的自我岌岌可危，把罪惡、痛苦和後悔當作改變的動機。我對失敗的定義是放棄自我，只要你願意做出決定，你便永遠不會失敗。

想像你的最佳決定的結果對自己有利，這能激勵你。你邀請喜歡的人約會，然後對方說好；你已經執行好幾年的專案獲得了國際的認可；你打敗高人氣對手，贏得選舉；你排除萬難提供飲用水，拯救了許多家庭；你的談話使得灰心喪志的親人找到了活下去的堅定理由。那種經驗是什麼樣的感覺？這些夢寐以求的欲望可以歸結成兩個字：願景。你要對想創造的情景有明確的意圖。

奧林匹克運動會選手把願景練習當作訓練的一部分。他們冥想賽事過程，然後在腦海中看見自己獲勝。這個成功想像對大腦來說是有效的，然後大腦會無意識地想辦法實現它。我們那麼相信想像出來的最糟情節，卻不花時間想像最佳情節。要知道，正面結果和負面結果同樣都有可能。你經過充分評估後的選擇，造成的最佳結果也許是什麼？如果方法奏效了，你會有什麼樣的感覺？那樣的現實令你興奮不已嗎？你的內心會變得更平靜嗎？

現在，把焦點放在你的自我價值觀上。在你的生活中，什麼才是真正重要的？

你嚮往成為什麼樣的人？每一個決定，無論大小，都會對你想要成為的人有增益或減損。甘地分享他對決定的影響力的看法：

你的信念會變成你的想法，
你的想法會變成你的言語，
你的言語會變成你的行為，
你的行為會變成你的習慣，
你的習慣會變成你的價值觀，
你的價值觀會變成你的目的。[7]

有意義的生活是價值取向的。你要怎麼過著富足優雅的生活？答案是根據自己的價值觀來過生活。人生太珍貴，不能浪費在不可靠的決定上。每一次你選擇一項符合價值觀的行動，就是在轉變成最好的自己。不要小看人類，因為所有偉人都是從他們健全的決定慢慢積累出來的，尤其是在逆境之中。

說服自己鼓起勇氣，大聲說出自己的最佳選擇，可能促使你採取行動。有時候，本意良好的人會從氣餒和對立中透露出自己的恐懼。凝聚你的聲音，突顯你的核心價值，把它當成對抗懷疑的武器。我們必須提醒自己，什麼對自己的人生才是最重要的。研究出一個口號或短句，在你遇到難以承受的抗拒時重複唸誦。能夠引導行動的宣示通常是最有效的。舉例來說，想像你和爸媽大吵一架，幾個禮拜之後，你不希望關係依然那麼緊張，每次考慮打電話給他們的時候，沮喪之情便阻止了你。你的簡單口號可以是：「別遺憾，現在就打電話。」一遍又一遍地說：「別遺憾，現在就打電話。別遺憾，現在就打電話。」

當我太太和我在照顧我們的新生兒時，我們睡眠不足，脾氣暴躁。我那時的口號是「奉獻」。我會問自己：「我要怎麼為我太太和兒子奉獻？」當我對自己說「奉獻」的時候，焦點就轉移到照顧家人，而不是被不滿的情緒包圍。這樣的口號能夠阻止你想太多，自我談話可以截斷你心裡無關的雜音，把思緒拉回、固定在自己的最佳決定上。

你可以拿幾個口號來測試，看看哪一個最和自己有共鳴。記住，口號要短，否則很難一直重複。還有，「勇氣」檢核點並不是讓你思考選項的時機，在前面四個檢核點裡已經做過思考選項的問題，你要信任已透過「架構」完成的工作。

喚起你過往的勝績，把思緒放在從前能成功達成目的的某段時間，可以是簡單的日常事務，例如刷牙或吃早餐。建立過突破性成就的人，可以冥想那些輝煌時刻，也許是畢業、克服困難、獲獎或做了什麼有意義的事情。暫停一下，花些時間重溫當時的感覺，以及那個成就對你的意義。成功的過往也許有助於再次「為你打氣」以採取行動。把成功當作一種提示，你需要它來成為一個健全的人。假如你以前能夠做到，當然也能再做一次！我們往往因為忘了曾經，以及自己歷經多少艱辛才走到這裡，而讓恐懼在心中扎根。別忘了用過去的勝績來平衡自己的挫折，有沒有勇氣，只在於你的選擇。

如果想不起曾經的勝績，就用做正確的決定來取代它！轉變命運的機會取決於每一次的決定。你接下來的選擇，可能改變未來的軌跡。也許你的家族有詐欺和嗑藥的黑歷史，但你可以做出不同的選擇，打破這個世世代代的詛咒。下一代的命運取決於你。每個選擇若能使你更接近想成為的自己，就是一次勝利。你不必把「架構」做到十全十美，當你弄清楚自己的價值觀和行動規劃之後，能夠貫徹到底才是最重要的。分析心理學的創始人卡爾・榮格（Carl Jung）相信：「你的價值是由你的行為來定義，而不是由你說你想做的事來決定。」[8]

最後，勇氣不必孤行。我人生中無數的人，例如我的爸媽、導師和朋友，都曾在我最艱難的時候鼓勵我繼續奮鬥。人生中，有哪些人關愛你也相信你？有時候當我們無法說服自己鼓起勇氣時，親朋好友的鼓勵也許能激勵我們做正確的事情。我們有許多場戰爭，但是都不必孤軍奮戰。雖然你是做出關鍵性決定的人，但拿出勇氣不必是一個人的事。號召你信任的人為你的人生挺身而出，你可以和這些人一起看一遍「架構」的程序，然後討論要怎麼達成最後的結論。讓大家把你的最佳利益記在心裡，透過鼓勵的話、正面想法和／或禱告來提醒你活出自己的價值。他們甚至也許能提供進一步解答你的疑惑的新奇見解或資訊。許多時候，出於他人堅持我們成為最好的自己，才成就了我們的偉大。牛頓曾經說過：「假如我能看得更遠，那是因為我站在巨人的肩膀上。」從任何可以找到的地方拿出勇氣，然後大膽地向前邁進。

當最佳決策和勇氣都完成了，就是採取行動的時候。多慮對價值並沒有什麼幫助。有時候，多慮會阻擋你達成目標。記住，如果你已經運用了「架構」也辨明了最佳決策，那麼，再往下分析只會成為障礙。多慮給予不作為一個冠冕堂皇的藉口，在這個表象的背後，是延誤了可能的後果。我在健身房的時候常發生這種事。我早就定好了那一天要運動，而在我開始運動之前或運動到一半的時候，我注意到大腦開始告訴我停止的理由。然後我想到了各式各樣的理由，像是：「反正你已經到過健身房了，不必完成全部的動作。」或是：「跳過那個項目又怎麼樣？你今天已經做得夠多了。」我承認，有時候我會聽進去，但有時候，我選擇重新檢視目標，把沒用的自言自語推到一旁，而且「做就對了」。

堅持原本的規劃，不要再分析下去，而要專注於行動。這是「關閉大腦」最有利於堅持到底的少數幾個時刻之一。這不是做決定的階段，而是執行階段。不要落入重新評估的陷阱，相反地，要堅信「架構」程序已經辨明出最佳的行動路線，現在是行動和進攻的時刻。

結論

勇氣就是無論多麼不安與不適，也要貫徹你的最佳決策。前南非總統暨反種族隔離改革者曼德拉說：「勇氣不是無懼，而是戰勝恐懼。勇者不是不會害怕的人，而是能夠克服恐懼的人。」[9]當不安全感令你不知所措時，要回想自己的價值觀和最佳決策為什麼那麼重要的原因。用你過去的成功來激勵未來的行動。對於沒有過往勝績的人而言，要大膽邁出成就大事的第一步。請你信任的人說些肯定的言語，灌輸完成最佳決策所需的勇氣。正如約翰・梅爾（John Mayer）在他的歌〈Say〉裡所指出的：

別害怕讓步
別害怕屈服
你應該知道到最後
說得太多，總好過

從不說你該說的話。[10]

現在，我們要為次於最佳的結果做準備。做過一遍「架構」、辨明最佳選擇，並且把決定付諸行動，是一個不凡的成就。可惜的是，這不是成功的保證。萬一你的決定未如預期中地進行怎麼辦？萬一你的最佳選擇不是很好的選擇，怎麼辦？萬一你已經竭盡所能，卻還是做了不良的決定，怎麼辦？在下一章裡，我們要探討如何重新振作。

第11章

事與願違：當你做錯選擇時該怎麼辦？

永不嫌遲。一九八四年，威廉出生於匈牙利一個貧窮的羅姆人村莊。他的單親媽媽沒辦法養育他和手足，便把他們留給爺爺奶奶撫養。他的爺爺奶奶常常對他又打又罵。他在十四歲的時候輟學、逃家，展開了犯罪生涯。他從做小偷開始，然後變成幫忙販毒的小混混，一路努力成黑幫老大和夜總會老闆。在權力的巔峰時，他是東歐吉普賽人裡數一數二的毒品和人口販子。儘管已是城市裡人人敬畏的人，他發現自己常常生氣、空虛和孤單。

當他二十八歲的時候，大兒子問他：「你為什麼總是難過和喝酒？」他的心碎了，開始啜泣，最後他睡著了。醒來的時候，床邊站了一個穿白衣的男人，他極其驚恐地問：「你是誰？你在我房裡做什麼？」那個人叫他到街上的教堂裡找出答案。那天正巧是星期天早晨，威廉得知他床邊的人就是耶穌。在那次遭遇之後，他的生活完全轉變了。威廉放棄沉迷於藥物、性愛和酒精的生活，把更多時間放在信仰上。他現在是一個熱情的牧師，他的教區有一百多名成員，他會分享好消息、癒療病痛和起死回生。我是怎麼知道的？二〇一七年，我曾在匈牙利的佩奇市和威廉共進早餐。不管你對威廉遇到上帝這件事是怎麼看的，他的故事告訴我，生活是可以扭轉的——對某些人而言是立即奏效！真正重要的是，開始於選擇正確的事情去做。電影人物洛基說得好：「重點不在於你有多努力，而在於你有多努力並且能持續前進。」[1]

你心目中的英雄是誰？也許是像林肯那樣的歷史人物，也許是《神力女超人》或《魔戒》裡的甘道夫那樣的虛構角色。或者，也可能是救援或服務性質的動物。英雄的一般特質是能夠對抗勢不可擋的挑戰，並且具有克服它的力量。想像你在看一部電影，劇中的主角沒有遇上麻煩，或輕而易舉地解決了困境。你也許早就不想繼續看下去，因為故事太無聊了！事實上，一個英雄若不能克服挑戰、幫助別人，就不能算是英雄。那種人也許是個「好」人，但肯定不是英雄。

不管我們有沒有意識到，我們就是自己故事裡的英雄。《超人》初代演員克里斯多福．李維（Christopher Reeve）說：「英雄是儘管脆弱、疑惑或並非總是有答案，但仍然勇往直前、克服一切的人。」[2]在生活中也是一樣。我們在人生旅程中經歷各種挑戰，竭盡所能地克服萬難。我們並不完美，但我們心目中的英雄也是一樣。事實上，最能和我們產生共鳴的英雄都有明顯缺陷——蝙蝠俠、韓索羅、夏洛克·福爾摩斯。這些主角的行為都不像典型的英雄，他們常被大眾誤解，但是內心善良。他們由於自己的難題（像是成為罪犯）而無法用傳統的方式解決問題，但是在他們涉入進去的故事裡，他們的價值觀會引導他們做正確的事。

就像虛構故事裡的英雄一樣，我們也會犯錯，不會一開始就把每件事情做對。事實上，失敗占了過程的大部分。我們往往透過錯誤而學習到什麼不該做，下一次會修正我們的方法。以「架構」做為指導方針，能夠幫助你做出更好的決定，但是它不保證能做出完全沒有錯誤的決定。沒有架構能夠做到這一點。它只是一個在做決定上弄清楚重要的主因素的工具，增加你達成理想結果的機會。可惜的是，即使是最完美的計畫，也可能因為一個變數而搞砸了。沒錯，就是人為因素。犯錯是人性，我們的選擇仍然含有瑕疵。「最佳」決策仍可能造成不良的後果，出於以下幾種原因：

1. 錯過關鍵資訊

我們只能根據當下知道的來做出最佳決策，然後我們知悉把整個情況改變過來的新資訊。我看到一個客戶想為自己的憂鬱症和焦慮症尋找療法，經過一年的就診之後，她沒有任何好轉。然後那個客戶自己透露，她從前受過父親的性侵害，至今他們仍然住在一起。

這個資訊大大扭轉了我的諮商方法，因為我終於知道創傷才是她症狀的根源，而且她每天都受刺激。這是常有的事，關鍵資訊可能被隱藏起來，或是在我們做出決定之後才出現不同的資訊。我們在做決定之前，就是無法知道一切情況。如果你為了做決定而需要知道某件事情的一切，你會永遠做不成決定。你需要善待自己，承認自己已經盡了當下最大的努力，無法避免這種不好的結果。

2. 不準確的資訊

你也許使用了「架構」，但最後蒐集到不準確的資訊。即使是出於善意，但有時候別人給你的資訊是錯的。你得到錯誤資訊，於是做了不切實際的決定。真的有人會故意提供錯誤訊息，來妨礙你達成目的。我妹妹曾經告訴我，她的學校非常競爭，但是「大家似乎都很和善」。在某個科學課的成績是用相對分數的評分曲線來打分，那麼最高分者的新分數就會是一百分。她遇過有些學生在「幫助」其他學生的時候會給予錯誤答案，希望降低他們的曲線。那就是為什麼你透過事實查核所做的盡職調查如此重要！

3. 不良的預測

即使有最好的打算，但有時候我們就是會想錯和猜錯。所有的資料都顯示公司會營運得很順利，但是跨國性的傳染病改變了事實。有時也會發生相反的狀況。大部分的股市分析家預言了某家公司會失敗，但是無論有什麼樣負面的統計數據，該公司的股票依然持續上漲。或是你以為正值青少年的孩子會欣賞有貓咪圖樣的物品，因為她很喜歡貓。當你送她「很酷」的貓咪背包當生日禮物時，才知道她對活生生的貓的喜愛，並不會移情到有貓咪圖樣的東西上。這是錯誤解讀資訊而導致了不正確的結論。我們精打細算的預測，到頭來仍然是錯的。會發生令人失望的結果，是因為你的預測並不符合實際狀況。

4. 欺騙自己

自我欺騙是最難弄清楚的事情。你不知道自己不知道什麼。當你說服自己相信一件不真實的事情，就再也沒有人能夠幫你。如果你的自我價值觀並不是真的，「架構」也不可能有用。這就像把目的地設定在錯誤的地方，卻希望能夠到達正確的目的地一樣。我們價值取向的北極星，就是我們最重要、最主要的指引！不要讓別人或社會定義你所看重的事情。你可以欺騙自己說某某東西重不重要，但是你的情緒，甚至身體感覺，都會開始洩露不滿。負面的結果可能與未察覺你真正在意的事情有關，這個未發現的心理阻隔也許會阻礙你盡全力做好應做的工作。防止自我欺騙的唯一方法，就是對自己誠實。就某些人而言，認清自己想表達的意見，也許需要更多時間和了解自己的心理，要信任那個過程。

如何應付罪惡感和羞恥感

罪惡感和羞恥感是做了不良決策後的常見反應。罪惡感是當我們做錯事情時，產生一種很沉重的後悔之情，造成自己或他人受傷或失望、一種心神不安的感覺。有罪惡感不見得是壞事，它是在告訴你發生了非計畫中的結果，而你要負起屬於你的責任。對有些人來說，負責任可能很難，因為彌補錯事是有代價的。那包括放下自尊，承認錯誤。它也讓一個人處於脆弱的狀態，容易遭受非難或排斥。所以為什麼要做這種事？因為責任感能扶持你去做下一步的最佳決策。反社會之人和精神病患者，在定義上是無法感受同情或疏離的。這些人只關切滿足自己的目標，不在乎在過程中傷害了誰。他們的問題在於缺乏罪惡感。你要讓自己懂得內疚，然後利用那種能量去盡量修正錯誤。

相較之下，羞恥感是既有害又沒幫助。罪惡感是因為做錯事情而不安，羞恥感是因為自己不好而覺得很糟糕。它是一種對自己的厭惡，以及把不好的那部分隱藏起來的需求。羞恥是個人化的罪惡感，通常從經過一段時間的負面回饋累積而來，導致一個人做出「我是問題所在」的結論。如果人陷在羞恥中，堅信自己是問題所在，那麼要做出最佳決策便難上加難。懷有羞恥感的人容易不經意地做出不良決定，因為他／她覺得這樣似乎才適合。不好的人就該做不好的決定，成了一種不成文的規章，即使心裡真正想做的是良好的決定。這便是羞恥感隱晦的危險。就像用髒抹布擦桌子一樣，被羞恥感吞噬的人很難做出良好的決定。

我記得在一家越南餐廳吃飯時，目睹工作人員「清理桌子」，他愈用髒抹布擦桌子，桌面的穢物被抹得愈開。記住，好人也會做出不良的決定。不要讓羞恥感侷限了你，你想變成最好的你，它跟這件事情一點關係也沒有。我們都需要通情達理和重新來過，你要選擇，別讓以往的不良選擇限定了你對自己的認同。

我們的罪惡感和羞恥感來自於自我改善的良善意圖。我們會不經意地想著：「我要讓自己心裡不好過，才不會再犯錯。」讓我們為犯下的錯誤受責備和負起責任的，正是我們與生俱來的正義感。對許多人來說，自我批評讓我們感覺很糟，但是在下一個困境發生時，不見得都能引起改變。人類的情緒記憶通常不好，所以不良選擇的誘惑出現時，我們的大腦已經忘記上次犯錯的感覺有多糟。

事實上，我們比較容易記得不良選擇的「好處」，忽略它的後果。所以，自我處罰的重點何在？根本沒意義。我們基於恐懼的罪惡感和羞恥感也許有短暫的幫助，但是就長期而言有損身心健康。我們心理上不經意地開始把負面經驗拼湊起來，然後推斷說，自己是影響一切的根源（也沒錯，因為你涉入自己的每一個決定裡）。羞恥感逐漸出現，我們誤以為自己一定是把事情搞砸的人。當羞恥感變成固定的「配備」時，你「因為迷惘，所以事情一定會做得亂七八糟」的信念就成形了。隨之而來的是無助和對周遭事物的冷淡，你再也沒有再試一次的勇氣。

那麼，這種情況能幫助你做出最佳決策嗎？當然不能。罪惡感和自我批判往往促使你放棄架構的引導，不繼續透過自我認同和價值觀來形成決定，而是恢復到懶散的想法和行為。

練習善待自己，接受不完美。這對控制狂和完美主義者來說是相當困難的！為了打破惡性循環，我們必須接受錯誤是會發生的，**可是**，下次可以做得更好。但是，為什麼會發生錯誤？因為有期待。承認你的人性，人隨時都會犯錯的。花點時間弄清楚的決定背後的意圖。當我們心懷善意，但仍然得到不好的結果，痛苦往往更劇烈。

不過有的時候，我們的意圖也不見得都是最好的。承認這個事實吧！為了善待自己，要對自己溫和、親切。檢視你內心的對話，暫且把所有的自我批判放到一旁，稍後再處理。注意任何浮現的情緒，允許自己去體會那些感覺，通情達理地和自己溝通。在你自己的狀況裡，你能看出為什麼事情會變成這樣的合理原因嗎？追蹤後續事件，允許自己為那樣的結果做解釋，站在觀察者的角度去描述發生的事情。從別的角度去看待事情，並且納入所有造成「完美風暴」的因素。列出現實因素，例如：「我（又）錯過了我女兒的足球賽，因為我錯估交通狀況，沒有選擇提早離開，而是繼續把專案完成。」用第一人稱「我」來說出自己的狀況，因為你要選擇在情況中能夠掌控局面的角色。

是的，現實生活中是有類似交通和工作上的挑戰，這不是在編造藉口或轉移責任，我們只是承認已經發生的事情而已，現實因素不能奪走你的責任。你在考量現實因素的同時能夠掌握自己的角色，就能得到合理的結果。掌握自己的角色，會讓你覺得有控制命運的能力。你不是自我決定下的犧牲者，不要輕信你沒有權力的謊言。那種核心信念會導致自我破壞的行為，讓你無法做出最好的決定。做決定的人是你，身為一個做決定的人，你有能力做出**新的**決定。

要實踐你的良善意圖。是的，你一定要及時觀看到女兒的足球賽，這是意圖。你達成了嗎？不。沒關係嗎？不。你下次可以做得更好嗎？是的。花點時間了解自己的正確目的，你並非想藉著錯過比賽來惡意傷害女兒的感受，你的目的是想表達支持和愛。目的是以你的價值觀為基礎的欲望。當你重新評估那個情況時，在做事情上要有取捨，並且做必須的調整。那表示也許要把鬧鐘調早一點，把工作帶回家或把工作委派給別人，或規劃好讓你能參與女兒足球賽的許多事情。你沒有走到這一步，是因為你的解決方式只是在圖方便。想個好辦法或調整一下自己的打算。人會因為弄錯了優先順序而犯錯。要學習對自己表現得通情達理，利用那樣的親切去平復你的心情。

你要怎麼適當地彌補一個不良的決定？從頭來過。你要選擇下次做得更好，你要規劃下次做得更好。我的核心價值是做一個值得受到信任和可靠的人，我盡力實踐自己的承諾，盡力貫徹我所保證的事情，無論是準時、完成專案或倒垃圾。有時候我會忘記，有時候會因為履行另一個承諾而耽誤了這一個。在從前，罪惡感會吞噬我，我也會毫不留情地批評自己。我開始質疑自己的正直，而且在做承諾時變得非常小心。如果無法實現諾言會讓我招人非議，那為什麼要承諾？為了維護我的正直，我開始耍花招，不再承諾。密友丹尼注意到我不敢做任何承諾，便問我：「發生什麼事了？」我告訴他：「我不想做出無法信守的承諾，所以我完全不再承諾，並且降低我的期望，這樣我就不會讓任何人失望。」丹尼又問：「為什麼不做你想信守的承諾？如果你搞砸了，道歉和重新協商承諾的內容就是了。」從頭來過就是關鍵。宣示你的承諾，讓你得到方向感和驅動力。當我們辦不到的時候，要找出無法實踐承諾的原因，然後做相應的調整。新的資訊有助於將我們的承諾修正得更切合實際。

重新承諾是透過展現出人際關係上的忠誠度來建立信任感，使我們和他人之間產生連結討論，維持合作關係。人們並不期望我們的承諾實踐得十分完美，因為總會有意外發生。但是，事情往往可以透過責任感和重新承諾來解決，不至於無可挽回。要怎麼做？秉持你原本的意圖，回頭去看「架構」，然後再做一遍。擁有了從頭來過的信心之後，就要堅持到底。要盡量抓住生命裡任何可以重來一遍的機會，如果有什麼事情無法實現或奏效，千萬不要放棄做新的承諾。

前一陣子，我開車到辦公室，預計在上午十點要和一位新客戶見面。我提早出發，覺得有足夠的時間到達目的地，還能整頓一下再接待客戶。但我錯了，一輛半掛式卡車爆胎，卡在高速公路的一側，堵住了三條車道。我開始對當下的情況焦急和挫折。此時我腦海裡閃過一個念頭：「如果反正都會遲到，那幹嘛要早起？我會讓客戶留下很糟糕的印象，雖然根本不是我的錯。塞車要塞到何時？」有時候，遲到是無可避免的。我深呼吸一口氣，然後打電話給客戶，向他坦白。我把會遲到的真相告訴他，然後道歉。根據定位系統，我重新講定了時間，並且要求晚十分鐘見面。客戶欣然接受我的建議，我就這樣定了一個新承諾。

重新承諾需要真誠的道歉。假設在你的最佳決策的背後是善意，就不需要為你的善意而道歉。不要為你沒有實際想做的事情而道歉，那叫做虛偽。你要做的是，自己的決定最後促成了另一個人的苦惱，所以要為此致歉。也就是說，為了事情演變的結果而道歉，儘管你心懷善意。你要承認自己的失望和挫折，如果事件關係人對你或無意造成的結果失望，你可以說抱歉。為了未實現的期望而道歉，能傳達出你對對方的關切之情，有助於修補關係，也對事情的後果有撫慰作用。道歉是一種謙遜的態度，而且它代表你覺得自己跟這個始料未及的結果有關係，即便你原本是懷著善意的。

此外，一定要花時間去重新評估整個局勢。為什麼結果會那麼糟？問問你自己：「有我沒考慮到或不知道的事情嗎？」或者：「如果當初做了正確的決定會怎麼樣？」在每一個錯誤中都暗藏著智慧。什麼是智慧？智慧是擁有怎麼做才對的知識和能力。IBM的前執行長湯馬斯・華森（Thomas J. Watson）對智慧的定義是：「妥善運用我們的時間和知識的力量。」[3]即使你一再犯下相同錯誤，也表示其中有尚未領悟到的啟示，這是進一步了解你自己的機會。辨明導致不良決定的因素，你才能利用那個資訊來修正下一次的作為。這也許代表要和會觸發不良反應的某些人或環境保持距離，或發現這個承諾不是你真正想要的。把新資訊納入「架構」裡考量，你會用更適當的心態重新開始，做出下一個最佳決策。

運用你獲得的智慧，並且彌補錯誤。當我們利用所學去做出一個更好的決定時，我們對錯誤的感覺便不一樣了。個人經驗能夠教導我們什麼該做和什麼**不該**做。我記得有一次去墨西哥時，被推銷了分時度假別墅。整個經驗感覺好不真實，我回到家之後才覺得那不是一個「對的」決定。雖然那是一個很昂貴的教訓，但是從此以後，我對推銷員特別小心。後來，我在買新車時放慢速度而達成了更好的交易。我讓我太太去討論細節，幾小時後便買好了新車。

我們也可以從別人的錯誤中獲取智慧。如果你問我，我寧願從別人的錯誤中得到智慧。我們的一輩子沒有長到可以容許自己犯過所有的錯誤，懂得謙虛，聽取健全的建議，總好過「吞下艱辛經驗的苦藥丸」才懂得謙卑。我們也可以向備受尊崇的人學習智慧。我們不認識他們，而是透過他們的書、影片和錄音來認識。把你的個人經驗和他人的智慧結合起來，使自己的智慧更加鞏固。

要大膽許下新的承諾。再從「架構」開始，根據你的價值觀來弄清楚自己的目的，然後換一套做法。關鍵在於「換一套做法」！既然上一次的決定沒有用，為什麼還要用同樣的方法去做呢？那真是太愚蠢了！除非你想看到同樣的壞事再次發生，否則必須有所改變。對於你要怎麼根據所學到的換一套做法，你需要仔細修正和溝通。這也許代表為了開會而提早十五分鐘出門，或是改善你和夥伴的溝通方式，在達成最後的決定前先和他們確認。要大膽嘗試新事物，每一件事情都有可能讓情勢對你有利，並且改變你的命運。

結論

記住，英雄擁有救贖的力量。事情永遠不會無可挽回，凡事一定要有所決定。根據你的價值觀做出新的決定，是你必做的選擇。從錯誤中學習和下次做得更好，就是你的贖罪方法，你能藉此彌補錯誤。當你運用所學而創造出一個令人滿意的結果，你會不經意地對先前的錯誤改觀。錯誤的意義從「做了蠢事」轉變成「獲得取得勝利的智慧」。它從根本上深深改變了之前的錯誤，你的故事從無意義的痛苦轉變成贖罪。你要怎麼改變從前的經驗？答案是創造一個矯正情緒的經驗，重寫未來的自我。做出一個能夠將負面聯想改變為正面聯想的新決定，你的大腦會把從前的錯誤解讀成將錯誤轉變成勝利的必要過程。隨著時間而產生的改變，會提升你身為一個最佳決策者的自信。

結論／

主導權與自我信任

「我終於感覺像我自己！」我們又見到瑪莉了。「離婚真的很痛苦，當時我看不到前路，害怕未來。我擔心孩子們，也懷疑離婚後的生活會怎麼樣。我沒意識到，當我不再為自己挺身而出時，我有多失落。隨著分居和離婚終於塵埃落定了，我要花些時間重新熟悉自己，但是我很感謝家人和教會的支持。透過諮商，我得以熬過以往的痛苦和學習愛自己。我開始做符合我的價值觀的決定，我的內心又活過來了！當我覺得放棄一切時，那些日子相當艱苦。畢竟，生活的壓力從未給我喘息的機會。然後我會提醒自己，我是誰，要往哪裡去。我把自己的需求和自我關懷放在優先的位置，然後一切都大大地不一樣了。煥然一新的生活令我開懷而笑，我又重拾了生活的樂趣！我覺得比從前的任何時候都更像我自己。」

雖然在剛開始的階段裡並不容易，但是瑪莉能夠看清楚要怎麼做，要怎麼讓自己活得有尊嚴，要怎麼貫徹自己的最佳決定。

瑪莉的先生喬也轉變了自己的人生。確定離婚之後，他的不良決定造成的後果終於打擊到自己了。「我承認我花了些時間才恢復正常生活。離婚後，我喝得更兇，直到跌落谷底才開始看清一切。我的天性衝動又自私，但是我不再接受那樣的事實。我一生中所做最好的決定之一，就是參加匿名戒酒會。我遇到了主辦人道格，他了解我的困境，很耐心地教我用『架構』逐步解決問題。我知道自己的婚姻結束了，但是我還有機會做一個好爸爸。我已經有五年的時間不用應付酗酒問題，有個穩定的工作，而且每個禮拜都有時間跟孩子們好好相處。瑪莉和我的家人分享我的改變，而且似乎變得更快樂了。他們是對的！我變成自己從不知道的更好的喬。透過我的經驗，我知道要變成一個更好的人，從不嫌晚。」

說出你最欣賞的人是誰？你為什麼欣賞他們？我敢說你提到的那個人展現了你所秉持的價值觀。他是你想效法的對象，你希望自己和他一樣。也許這個人不會各方面都讓你喜歡，但是那些核心部分對你來說很突出。我猜他們能夠做出相當好的決定，但我的意思不是從來不犯錯。事實上，許多英雄都犯過大錯。他們成為我們心目中的英雄，是因為做了更好的決定之後扭轉局勢，使他們獲得認同。那麼，你要怎麼變得更像自己欣賞的人呢？答案是成為最佳決策者。

運用「架構」，能幫助你成為一個主導自己人生的人。「架構」程序具有從根本上改變你、強化你的力量。今天的你，是你在一生中所做過的所有決定的累積，不妨好好想想。你所做的每一個決定，從刷牙到結婚，都顯現出自己思考和體會人生的方式。

依據自己所做的決定，我們不斷被重新格式化、塑造和改變。我們的個人特質不是只有思想而已，因為思想只是在「想像」但尚未實現的階段。是我們可以化為行動的決定讓那些想法「成真」，然後我們的感覺報告出那些經驗。

如果你喜歡現在版本的自己，恭喜你！你也許已經花過時間去弄清楚和形成身分認同，還有，大部分都是以價值肯定的態度去執行自己的決定，通常能夠掌控自己的想法和行為。在感到困難的時候，你能夠讓自己去感受那些感覺，並且了解情緒的根源。你有一種實現感，知道如何用成功引導過去的痛苦和艱辛。根據這些經驗，你對未來有了真正的自信和希望。在你的真誠自我和創造理想的經驗的能力中，有一種內在的寧靜。

如果你不滿意現在版本的自己，那你還在達成目標的路上！這個簡單的確認可以讓你維持成長的心態。為了能夠在「多愛你自己一點」的氛圍中成長，你必須多了解自己。不只是要突顯你的缺點，也要把自己視為一個完整的個人。身分認同的形成，就是要區別出你的個人價值觀並掌控它們，這需要篩除可能造成干擾的其他聲音和影響，才能顯現出能夠呈現你獨特聲音的自我認同。我們不是生活在真空的世界裡，因此我們的身分認同是透過和人們及環境的接觸而形成的。經歷了那些經驗之後，自己的某些部分始終如一，那些特質就包括真誠的自己。

自愛或許很困難的原因之一是愛比較。你或許相信「成功者需要看起來如何如何或舉止如何如何」的謊言。如果我們看起來不像媒體所描述的成功或美麗模樣，那麼我們就不夠好。每個人的美麗和強大都有自己的風格。蘋果比桃子漂亮嗎？每種水果都有它自己的漂亮之處，就像每個人的簽名都有其獨特風格。相信滿意存在於你自己的特質之外，正是不得志的保證。就算滿意真的存在於你的特質之外，那另一種選擇是什麼？假裝你是另一個人嗎？許多不快樂的人拒絕接受他們的核心自我，用不滿折磨自己，把資源浪費在假裝是某人。最後，他們仍因為虛假的自我而不快樂！要學習欣然接受你的核心自我……就是它們造就了現在的你，你要更尊重你自己。

什麼是自尊？尊重某個東西，就是去看重和理解它的價值。依照這樣的定義，自尊就是一個人理解他／她自己價值觀的程度。自尊高的人在自我評估中會看重自己，而且有自信。自尊低的人覺得自己沒什麼重要性，進而引起負面情緒。自尊有趣的地方是，它不過就是心態的問題。它大多是任性、主觀的，是描述一個人怎麼看他／她自己的個人觀點。那麼，人們是怎麼決定他們的自尊的？這個概念很類似於愛。你看不到也摸不著愛，你能看到的是愛的副產品。同樣的道理，有健全自尊的人會用自我肯定和有助於成功引導人生中許多挑戰的精確方式來看待自己。

一個人要怎麼提升他／她的自尊？答案是成為一個最佳決策者！「架構」背後的一切目的，就是要成為一個真正值得自愛的人。做出奮發向上的決定，能夠肯定自我，並且在各種不同的情況中表達你真正的價值觀。做良好決定中浮現的普遍價值觀，會塑造你最佳的自我。你是什麼樣的人？一個會做良好決定的人。是哪種做良好決定的人？是明智、自覺、自信、可靠和具有許多其他正面特質的人。提升正面決定的命中率，會從根本上轉變你的自我看法和自尊。另一個關鍵性的元素是堅持不懈。自尊的敵人是對自己產生放棄的念頭，它所傳遞出來的訊息是：你既無能又軟弱。你要選擇繼續艱苦地奮鬥，灰心喪志的時候，那就休息一下再重新振作。要了解錯誤，然後再試一次，千萬不要對個人成長產生放棄的念頭！基本自尊的構成基礎，就是經歷過最佳決策帶來的勝利。

成為你欣賞和推崇的人，這個過程是逐日進步的。一開始，先實現成為最佳決策者的決定，讓它成為你的特質之一。如果你看重自己，你所做的決定會符合你的價值觀。還感覺不出來嗎？就是忠於自己的信念。不太相信？繼續做看重自己的決定，直到相信為止。你會做得十分完美嗎？不。仍然會犯錯嗎？當然。你會反省問題所在，然後選擇誠實面對嗎？這些都由你決定。不要浪費你的錯誤，要從錯誤中學習，弄清楚有哪些事情不符合你的身分認同，從競爭的承諾中找出具迫切「需求」的優先處理，維持自己的可信賴性。或是主導自己的決定，儘管後果並不理想，也要讓決定符合你對自己的身分認同。過程中時有波折起伏，有時候是我們根據當下的身分認同去做決定，有時候是決定幫助我們重新確定了身分認同。你的身分認同一直在持續地精煉中。我在青少年時期的真誠自我，和現在的版本大相逕庭。在做一個好丈夫和好爸爸方面，我的價值觀是不被青少年的我所接受的。雖然人生的階段改變了，但是有些基本特質是一輩子都不會改變的。我對於自己會成長為什麼樣的人採取開放的態度，但同時間，也有義務保持真誠的自我。方法便是選擇改善我的決策技巧，並且再次鼓起勇氣朝正確的方向邁進。

我最大的建議是從小的最佳決策開始，這跟嬰兒學走路的概念是一樣的。我們不會期望自己在學會走路之前就先學會騎腳踏車。也許你以前常常做出不良的決定，現在就是改寫紀錄的時候！比如吃早餐或刷牙等日常事務，就先從這些簡單、迅速的健全決定開始處理。

退休的海軍海豹部隊指揮官威廉．麥克雷文（William McRaven）說：「如果你想改變這世界，就從整理自己的床鋪開始。沒有什麼可以取代一個人的信仰所帶來的力量和舒適感，但有時候整理床鋪的簡單動作，可能喚起你展開新的一天所需要的力量，並且給予你正確地結束的滿足感。」[1]選擇你可以每天做而且極容易成功的事情。

要怎麼做出一個始終如一的良好決定，心理學家暨《習慣力：打破意志力的迷思，不知不覺改變人生的超凡力量》的作者溫蒂．伍德（Wendy Wood）跟大家分享一個切合實際的方法。她說，有摩擦力較小的行為，也有摩擦力較大的行為。[2]為了增加健全的行為，要安排用簡單、摩擦力小的行為來達成目標。舉例來說，假設你會忘記吃藥，與其把藥瓶放在廚房置物櫃裡那種看不到的地方，不如移到床頭櫃的水瓶旁邊。對付壞習慣的時候就反過來做，要讓自己更難做到不健全的行為，就增加達成它的步驟以提高困難度。

這些改變也許看似很小，但隨著時間會累積得愈來愈多。自始至終都能做出良好的決定，你會從根本上改變對自己的看法。你的大腦必須對始終都在正常軌道上的良好決定有個合理的解釋。這種轉變是打從心底深處感覺自己成為一個最佳決策者，不然，你為什麼能一直做出良好的決定呢？在剛開始的頭幾天，你可能還感覺不到差異。內心的對話也許會使你的努力打折，像是：「有什麼大不了，你今天做了一個很好的決定，也許明天就搞砸了。」幾個禮拜之後，你的大腦會開始推斷，也許你是能夠貫徹決定的人。不斷做出價值肯定的決定，最終會造就出你的氣勢。正是在日常事務上的勝利，幫助你建立起做最佳決策的信心。

那麼，要怎麼變成一個最佳決策者？一開始的時候，你在做決定方面並沒有困難，或是沒有做出導致痛苦後果的不良決定。不良決定是不真誠生活的副產品。我們都曾經歷過，不良決定會帶來長期和短期的毀滅性後果。我們把「架構」當作按部就班的指引，去妥善評估衝突和目標。我們從做決定的過程中仔細過濾，找出滿足需求的最佳方法。我們用E—SORT（字頭縮寫）來做出「架構」。

- **情緒（Emotions）**：我的感覺想告訴我什麼：情緒問題把你的注意力引導到重要的議題上。情緒往往是最自然、未經篩選的。要傾聽我們情緒的世界所發出的訊息，利用那些訊息去坦誠面對自己。
- **自我價值觀（Self-Values）**：對我來說，重要的是什麼？自我價值的問題是要把事情的意義劃分清楚。我們用這項資訊來挖掘自己的核心價值觀，獨到地界定出對我們來說重要的是什麼，並且塑造自己的身分認同。

・**他人價值觀**（**Others' Values**）：對事件關係人來說，重要的是什麼？他人價值的問題把他人的需求也納入考量。我們把自己的價值觀擴展到承認他人也有他們自己的價值觀，並且把目標指向創造雙贏局面。

・**現實因素**（**Reality Factors**）：相關的因素有哪些？現實問題界定出影響選項較長久的因素。我們承認形成背景環境的現實因素，然後在那個背景環境中設法創造切合實際的解決方案。

・**貫徹到底**（**Tough it Out**）：挑出你的最佳選項，然後鼓起勇氣去實現。

利用「架構」有助於釐清問題，你的選擇才會是與當前情況相關的最佳選擇。我們利用已知或從別處最新得知的資訊去做出最佳決策。正如預期，抗拒對最佳解決方案採取行動很正常，我們必須拾起勇氣去貫徹決定，並且在結果剛浮現時，引導結果走向完滿的結局。

我們不需要一個完美的目標，而是要把目標瞄準於更常做出更好的決定。唯一的條件是去學習、運用和在人生的許多決定上繼續使用「架構」。隨著時間推移，「架構」的程序會變成你自然的思考方式，「最佳決策者」會慢慢融入你的特質裡。最後，你會變成一個真誠的人，這就是最好的報酬，而最佳決策能夠幫助你達成這個目標！就從今天開始，要知道，如今你變成了真誠的自我，未來許多年都能享受這個身分所帶來的益處。

如果你對這本書有任何問題或指教，我很歡迎你的回饋。如果這本書幫助你成為一個最佳決策者，請與我分享你的故事。如果你對「架構」的個人或團體訓練有興趣，請考慮找我諮商！我的聯絡方式：www.timyen.com，電子郵件：timkyen@gmail.com 或 Instagram：@choosebetterconsulting。

致謝

給我摯愛的妻子蒂芬妮，你為這本書的問世做了許多貢獻。當我思考成為一個更好的人時，唯有你是我想效法的對象。你在我們討論過程中的支持、鼓勵話語、照顧家人、為我打造創作空間，以及為我們的未來所挹注的心力，都令我感激得無法言喻。事實上，這本書裡所用的許多比喻都來自於我們的婚姻！你漂亮地處理了那些了不起的事情，因為你是個「天才」。我和你的關係使我相信，我可以勇敢地活出自己的價值，以及感受到深厚的愛。現在和未來，無論我對這個世界做出什麼貢獻，我要讓世人知道，你是我的幕後功臣。

給我的兒子卡洛斯，這個世界充滿了刺激，我希望你能充分體驗自己的人生。雖然我也有缺點，但是做你的父親並因此有機會引導你的人生，是我最大的榮幸，只因為你出現在我的生命裡，讓我成為一個更好的人。

給我的母親麗塔，你的存在和對我的愛，使我的人生變得更美好。你提供我一個情緒安全的成長環境，你的鼓勵讓我覺得自己是一個有價值的人。我了解，為了讓我得到這些眾所企盼的機會，來到美國之後的生活有多辛苦。我每天都激勵自己要好好生活，讓這一切的犧牲都值得。謝謝你全心全意地接納我、相信我。

給我的父親彼得，我很感激你對家裡的忠誠和追求夢想的意願。你激勵我突破極限，將眼光放得更遠、更大。你提醒我，學習是一輩子要努力的事。當你說你為我驕傲時，我內心便更滿足、大膽了些。你對神和天堂的價值觀，對我的人格產生了深遠影響。

給我另一位母親凱倫，你養育了一個很棒的女兒，你是我人生裡的一大福氣！你無私的慷慨以這麼有意義的方式填滿了我的靈魂。謝謝你成為我們家庭重要的一分子，我很感激你所有的關懷。

給我的姊妹蒂芬妮，打從小時候，你就給予我極大的支持與鼓勵。你的真誠和愛心天高地闊，啟發我更懂得無私與付出。

給我有遠見的兄弟丹尼・康，謝謝你啟發我夢想得更遠大，以及要成為一個有用的人。你引導我了解領導能力的培養，從此改變了我生涯的焦點。我期盼神在我們生命中所做的和我們努力爭光所形成的影響，能夠一起創造未來。

給我最親密的朋友們：郝維．周、安德魯．吳、蕭恩．派克、克麗絲汀娜．派克、艾夫莉．金、肯．金、妮可．梅斯塔和史蒂文．梅斯塔。謝謝你們做我堅定忠實的知己和支持者，你們是我的靠山，給予我信心，讓我知道你們永遠支持我。

給我四年級的老師加薩女士，謝謝你沒把我當成搗蛋鬼，而是視為「衝勁不足」但具潛力的孩子，從此改寫了我的人生。

特別謝謝吳億盼給我一個寫最佳決策題材的原始構想！

給我的導師：詹姆士與海倫．余、艾瑞克．陶特、瑞克．祖尼加、拜瑞與桑尼．史密斯、蓋布與雪莉．巴伯、馬弗．艾瑞斯曼、賴利．昆、賈斯丁．周、傑夫．玄、史蒂芬．鐘、威爾．陳、娜塔莎．溫、堤姆與雪拉．吳、山謬．李、喬蘇．李、堤摩西H．顏、凱西．張、約翰．官、辛蒂與索爾．李維、蜜琪．凱爾、大衛．普德和德瑞克．安德魯柯。謝謝你們在我人生各階段的明智建議和指導，為我省下很多時間和免去我掙扎思考的痛苦。

給啟發我的人：法蘭西斯．詹、拉維．札夏里艾斯、布芮尼．布朗、比爾．強森、提摩西．費里斯、歐普拉．溫弗蕾、比爾．蓋茲、布萊安．克萊梅、史蒂芬・弗爾迪克、史蒂芬・柯里、喬登・彼得森、克里斯・張、丹尼斯・郭、傑夫・顏、安德魯・魏和約翰・蘇。你們充分活在當下的勇氣和對工作的全心投入，啟發我了解，任何事情都是有可能的。

大力感謝所有我過去、現在和未來的客戶。謝謝你們讓我有榮幸在諮商中傾聽你們的故事和做出那些轉變。從我們的共同努力中，我們學習到好多東西，這些經驗將我塑造成一個更好的心理師。

最重要的是，一切的榮耀都歸給上帝，是祂賜予我真實的身分和人生目的。

關於作者

晏光中是一名臨床心理師，以強烈的熱忱幫助人們活得更充實。他於阿蘇薩太平洋大學取得臨床心理學博士，專攻心理諮商，曾擔任美國陸軍心理健康士官八年。過去六年來，除了私人執業，他也在凱薩醫療機構坐診，作為督導、培訓指導其他心理師。執業至今，他幫助了家庭、組織、團隊以及數以百計的人們，改善他們的人際關係，成為更好的人。

他出生於聖地牙哥，成長於加州橙郡，父母來自於台灣和澳門，他很珍視自己承襲了亞裔美國人的雙重文化。此外，他還是一位國際演講者，主題包括領導能力、忠誠、文化和人際關係，並曾在台灣、匈牙利和肯亞等國演講。

關於作者更多資訊請參考：www.timyen.com

註釋

第1章　我不想做錯

1 Iyengar, S. S. & Lepper, M. R. (2000). When choice is demotivating: Can one desire be too much of a good thing? Journal of Personality and Social Psychology, 79(6), 995-1006. 希娜・艾恩嘉，馬克・萊伯（2000）〈當選擇變得消極時：是我們對好事情期待太多嗎？〉《性格與社會心理學期刊》，79卷6期，995-1006頁 https://doi.org/10.1037/0022-3514.79.6.995

2 Pew Research Center (2015). Beyond distrust: How Americans view their government. 皮尤研究中心（2015）《不可信任：美國人如何看待他們的政府》https://www.people-press.org/2015/11/23/1-trust-in-government-1958-2015/

3 Barna Group, (2017). Barna Trends 2018: What's new and what's next at the intersection of faith and culture. Baker Publishing Group. 巴納集團（2017）《二〇一八巴納趨勢：在信念與文明的交叉路口的現在與未來》。貝克出版集團。

4 Jackson, G. P. (2019). The 7 people Christians trust more than their pastors. Christianity Today. 傑克森（2019）〈比牧師更獲得基督徒信任的七個人〉《今日基督教》https://www.christianitytoday.com/news/2019/january/gallup-pastor-clergy-trust-professions-poll.html

5 Raphael, R. (2017). Netflix執行長里德・海斯汀說：「我們的競爭對手是睡魔。」Fast Company. 拉斐爾（2017）《快公司》 https://www.fastcompany.com/40491939/netflix-ceo-reed-hastings-sleep-is-our-competition

6 Collins, J. (2001). Good to Great: Why some companies make the leap and others don't. HarperCollins Publishers. 詹姆・柯林斯（2020）《從A到A+：企業從優秀到卓越的奧祕》。台灣：遠流。
7 Kross, E., Berman, M. G., Mischel, W., Smith, E. E., & Wagner, T. D. (2011). Social rejection shares somatosensory representations with physical pain. 克洛斯，貝爾曼，米歇爾，史密斯，華格納（2011）〈社會排拒與身體痛苦共有的體覺表現〉https://www.pnas.org/content/pnas/108/15/6270.full.pdf
8 Bellah, R. N. (1975). The broken covenant: American civil religion in a time of trial. Seabury Press. 羅伯特・尼爾利・貝拉（1975）《破裂的盟約：美國公民宗教的考驗時刻》。希伯利出版社。
9 McGoldrick, M., Giordano, J., & Garcia-Preto, N. (2005). Ethnicity & family therapy. Guildford Press. 麥戈德利克，佐達諾，葛西亞普瑞托（2005）《種族與家庭療法》。吉爾福德出版社。

第2章　為什麼會有不良的選擇

1 Spears, B. (2000) Oops!... I did it again [Song]. On Oops!... I did it again [Album]. Jive Records. 小甜甜布蘭妮（2000）〈愛的再告白〉。收錄在《愛的再告白》專輯中。吉芙唱片。
2 Nikolove, H., Lamberton, C., & Haws, K. (2015). Haunts or helps from the past: Understanding the effect of...recall on current self-control. 尼可洛伕，藍伯頓，郝斯（2016）〈讓過去成為你的糾結或助力：了解……的效應，回顧當前的自我控制〉2020年11月18日擷取自 https://www.sciencedirect.com/science/article/abs/pii/s1057740815000728.
3 Friend, T. (2003). Jumpers: The fatal grandeur of the Golden Gate Bridge. The New Yorker. 弗蘭德（2003）

〈墜落者：金門大橋的致命宏偉〉《紐約客》https://www.newyorker.com/magazine/2003/10/13/jumpers

4 Adwar, C. (2014). The role of impulsiveness is one of the saddest things about suicide. Business Insider. 艾德沃（2014）〈自殺最悲慘的事情之一：衝動〉《商業內幕》 https://www.businessinsider.com/many-suicides/are-based-on-an-impulsive-decision-2014-8

5 Klemmer, B. (2005). If how-to's were enough we would all be skinny, rich, & happy. Insight. 布萊安・克來梅（2005）《假如知道怎麼做就夠了，我們都會苗條、富有和幸福》。遠見出版社。

6 Keller, T., & Keller, K. (2016). The meaning of marriage: Facing the complexities of commitment with the wisdom of God. Penguin Books. 提摩太・凱勒，凱西・凱勒（2015）《婚姻解密：以上帝的智慧來面對委身的複雜性》。台灣：希望之聲文化有限公司。

7 Cherry, K. (2020). Freud's theories of life and death instincts. Very well Mind. 雪莉（2020）《佛洛依德的生死本能理論》。Verywell Mind 線上資料庫 https://www.verywellmind.com/life-and-death-instincts-2795847

8 Schacter D. L., Benoit, R. G., & Szpunar, K. K. (2017). Episodic future thinking: Mechanisms and functions. Curr Opin Behave Sci. 17, 41-50. 夏克特，貝諾伊特，史普納爾（2017）〈不連貫的未來思考：機制與功能〉《行為科學新見》，17 期，41-50 頁 https://doi:10.1016/j.cobeha.2017.06.002

9 Schacter, D. L., Addis, D. R., Hassabis, D., Martin, V. C., Spreng, R. N., & Szpunar, K. K. (2012). The future of Memory: remembering, imagining, and the brain. Neuron, 76(4), 677-694. 夏克特，艾迪斯，哈薩比斯，馬丁，施普連，史普納爾（2012）〈未來的記憶：記憶，影像和大腦〉《神經元》，76 卷 4 期，677-694 頁 https://doi.org/10.1016/j.neuron.2012.11.001

10 Wilson, T. D., & Gilbert, D. T. (2005). Affective forecasting: Knowing what to want. Current Directions in Psychological Science, 14(3), 131-134. 吉伯特，提姆・威爾森（2005）〈情緒預測：知道想要什麼〉《心理科學近期趨勢》，14 卷 3 期，131-134 頁 https://doi.org/10.1111/j. 0963-7214.2005.00355.x

11 Absolute Motivation (n.d.) Home [YouTube channel], 絕對動機（日期不詳）《家》（YouTube 頻道）擷取自 2020 年 11 月 18 日，https://www.youtube.cm/watch?v=wTblbYqQQag

12 Williamson, M. (2015). A return to love: Reflections on the principles of a course in miracles. Thorsons Classics 瑪莉安威廉森（2019）《愛的奇蹟課程：透過寬恕，療癒對自己的批判》。台灣：橡實文化。

13 Merriam-Webster. (n.d.). Better the devil you know than the devil you don't idiom. 梅里安 - 韋柏斯特（日期不詳）諺語：「跟認識的魔鬼打交道，總比跟不認識的魔鬼打交道好。」https://www.merriam-webster.com/dictionary/better%20the% 20devil%20you%20know%20than%20the%20devil%20you%20on%27t

14 Peace Corps (n.d.) 和平工作團（日期不詳）。這是一則印度民間故事，藉著闡述不同見解會如何導出不同觀點，來教導人們了解跨文化意識。https://www.peacecorps.gov/educators/resources/story-blind-men-and-elephant/

15 Chen M. K, Lakshminarayanan V., Santos, L. R. (2006). How basic are behavioral biases? Evidence from capuchin monkey trading behavior. J. Political Econ. 114, 517-537. 陳，列克許米納瑞亞南，山度斯（2006）〈行為偏差有多根本？從捲尾猴交易行為中得到的證明〉《政治經濟學期刊》，114 期，517-537 頁 https://doi:10:1086/503550

16 Kahneman, D. Knetsch, J. L., & Thaler, R. H. (1991). Anomalies: The endowment effect, loss aversion, and status quo bias. Journal of Economic Perspectives, 5(1), 193-206. 丹尼爾．康納曼，傑克．克耐奇，理查．塞勒（1991）〈反常現象：捐贈效應、損失規避與現狀偏差〉《經濟展望雜誌》，5 卷 1 期，193-206 頁。

17 Kahneman, D., & Tversky, A. (1979). Prospect theory: An analysis of decision under risk. National Emergency Training Center. 特沃斯基，康納曼（1979）《期望理論：分析風險下的決定》。美國緊急事故訓練中心。

18 Schudel, M. (2013). Bert Lance, banker and Carter budget director. The Washington Post 舒德爾（2013）（伯

特．蘭斯：銀行家，卡特總統的預算局局長）《華盛頓郵報》https://www.washingtonpost.com/politics/bert-lance-banker-and-carter-budget-director/2013/08/16/a200f4f8-0689-11e3-9259-e2aafe5a5f84_story.html

19 Greene, R. W. (2014). The explosive child: A new approach for understanding and parenting easily frustrated, chronically inflexible children. Harper. 羅斯．格林（2020）《壞脾氣小孩不是壞小孩：美國「情緒行為障礙」專家30年臨床經驗，教你有效解決孩子的情緒問題》。台灣：野人。

第3章 違心之論的選擇，其代價之高。

1 Baggini. J. (2005). Wisdom's folly. The Guardian. 朱立安．巴吉尼（2005）〈智慧的愚昧〉《衛報》https://www.the guardian.com/theguardian/2005/may/12/features11.g24

2 Ware, B. (2019). The top five regrets of the dying: A life transformed by the dearly departing. Hay House. 布朗妮．維爾（2019）《和自己說好，生命裡只留下不後悔的選擇：一位安寧看護與臨終者的遺憾清單》。台灣：時報出版。

第4章 讓你面面俱到的架構

1 Butcher, R. (n.d.). Before takeoff checklist: Understanding the benefits of segmented checklists. 布契爾（日期不詳）起飛前檢查表：了解分段檢查表的益處 https://www.aopa.org/training-and-safety/students/presolo/

skills/before-takeoff-checklist.
2 Boyce, J. M., & Pittet, D. (2002). Guideline for hand hygiene in healthcare settings: Recommendations of the healthcare infection control practices advisory committee and the HICPAC/SHEA/APIC/IDSA hand hygiene task force. 波依斯，皮特（2002）〈健康照護環境中的手部衛生指南：感染管制措施建議委員會與HICPAC/SHEA/APIC/IDSA手部衛生專案組〉https://www.cdc.gov/mmwr/preview/mmwrthtml/rr5116a1.htm
3 Field Manual No. 6-99.2. (2007). US Army report and message formats.《野戰手冊》6-99-2期（2007）美國陸軍報告與訊息格式 https://usacac.army.mil/sites/default/files/misc/doctrine/CDG/edg_resources/manuals/fm/fm6_99x2.pdf
4 Thompson B. (2017). Theory of mind: Understanding others in a social world. Psychology Today. 湯普森（2017）〈心靈理論：了解社會世界裡的他人〉《今日心理學》 https://www.psychologytoday.com/us/blog/socioemotional-success/201707/theory-mind-understanding-other-in-social-world

第5章 情緒：我的感覺想告訴我什麼？

1 Damasio, A. R. (2004). Emotions and feelings: A neurobiological perspective. In A. S. Manstead (Author), Feelings and emotions: The Amsterdam Symposium (49-57). Cambridge Univ. Press. 安東尼歐．達馬吉歐

（2004）〈情緒與感覺：神經生物學的觀點〉曼斯蒂（作者）《感覺與情緒：阿姆斯特丹症候群》49-75頁。劍橋大學出版社。

2 Ekman, P. (2007). Emotions revealed: Recognizing faces and feelings to improve communication and emotional life. St. Martin's Griffin. 保羅．艾克曼（2007）《心理學家的面相術：解讀情緒的密碼》。台灣：心靈工坊。

3 Fox, P. (2016). Teen Girl uses 'crazy strength' to life burning car off dad. USA Today. 福克斯（2016）〈少女用「瘋狂的力量」舉起壓住父親的燃燒中的車子〉《今日美國》https://www.usatoday.com/story/news/humankind/2016/01/12/teen-girl-uses-crazy-strength-life-burning/car-off-dad/78675898/

4 Ekman, P. (n. d.). Anger. 艾克曼（日期不詳）憤怒 https://www.paulekman.com/universal-emotions/what-is-anger/

5 Ekman, P. (n. d.). Sadness. 艾克曼（日期不詳）難過 https://www.paulekman.com/universal-emotions/what-is-sadness/

6 Ekman, P. (n. d.). 艾克曼（日期不詳）高興 Enjoyment. https://www.paulekman.com/universal-emotions/what-is-enjoyment/

7 Peterson, J. (n. d.) Life's never just about happiness—it's about meaning. The Australian. 喬登．彼得森（日期不詳）〈人生絕不是只有快樂—更在於意義〉《澳洲人報》https://www.theaustralian.com.au/commentary/opinion/lifes-never-just-about-happiness-its-about-meaning/news-story/b8f6d4beb93d1e2173114e4ob7cca423

8 Ekman, P. (n. d.). Fear. 艾克曼（日期不詳）恐懼 https://www.paulekman.com/universal-emotions/what-is-fear/

9 Ekman, P. (n. d.). Surprise. 艾克曼（日期不詳）驚訝 https://www.paulekman.com/universal-emotions/what-

is-surprise/
10 Ekman, P. (n. d.). Disgust. 艾克曼（日期不詳）厭惡 https://www.paulekman.com/universal-emotions/what-is-disgust/
11 Ekman, P. (n. d.). Contempt. 艾克曼（日期不詳）輕視 https://www.paulekman.com/universal-emotions/what-is-contempt/
12 Parrott, W. G. (Ed.). (2001). Emotions in social psychology: Essential readings. Psychology Press. 葛洛德・帕洛特（編著）（2001）《社會心理學中的情緒：基本讀物》。心理學出版社。
13 Loewenstein, G. (2005). Hot-cold empathy gaps and medical decision-making. Health Psychology, 24 (Suppl. 4), S49-S56. 喬治・羅溫斯坦（2005）〈冷熱同理心差距與醫療決定〉《健康心理學》24 期（增刊 4），增刊 49-56 頁。
14 Mayer, j. D., Salovery, P.s., & Caruso, D. r. (2008, September). Emotional intelligence: New ability or eclectic traits. American Psychologist, 63(6), 503-517. 瑟羅維，梅堯，卡魯梭（2008 年 9 月）〈情緒智商：新的能力或折衷特質〉《美國心理學家》63 卷 6 期，503-517 頁。
15 Goleman, D. (2000). Working with emotional intelligence. Bantam Books. 丹尼爾・高曼（2000）《靠情緒智商來工作》。矮腳雞圖書出版公司。
16 Mcleod, S. (2020). Maslow's hierarchy of needs. Simply Psychology. 麥里奧德（2020）《馬斯洛的需求層次理論》。簡易心理學 https://www.simplypsychology.org/maslow.html
17 Pink, D. H. (2009). The Surprising Truth About What Motivates Us. Riverhead Books. 丹尼爾・品克（2010）《動機，單純的力量：把工作做得像投入嗜好一樣有最單純的動機，才有最棒的表現》。台灣：大塊文化。
18 Bolte Taylor, J. (2016). My stroke of insight: A brain scientist's personal journey. Plume. 吉兒・泰勒（2020）

《奇蹟》。台灣：天下文化。

第6章　自我價值觀：對我來說，重要的是什麼？

1 Eurich, T. (2018). What self-awareness really is (and how to cultivate it.) Harvard Business Review. 塔莎・歐里希（2018）〈到底什麼是自我意識（以及如何培養）〉《哈佛商業評論》https://hbr.org/2018/01/what-self-awareness-really-is-and-how-to-cultivate-it.

2 Palouse Mindfulness. (2019, April 30). The Call to Courage－Brené Brown compilation [Video]. Palouse Mindfulness網站（2019年4月30日）《召喚勇氣—布芮尼・布朗匯編》（影片）YouTube. https://www.youtube.com/watch?v=zDIQQx1KNZc

3 Sinek, S. (2019). Start with Why: How Great Leaders Inspire Everyone to Take Action. Portfolio Penguin. 賽門・西奈克（2018）《先問，為什麼？：顛覆慣性思考的黃金圈理論，啟動你的感召領導力》。台灣：天下雜誌。

4 Chachura, R. (2019). 'Man's Search for Meaning' by Viktor E. Frankl. Medium. https://medium.com/@geekrodion/mans-search-for-meaning-by-viktor-e-frankl-7b71b4693790 弗蘭克（2008）《活出意義來》。台灣：光啟文化。

5 九型人格心理測驗：https://tests.enneagraminstitute.com/orders/create#rheti；
16PF：https://www.16-personality-types.com/online-personality-tests/16pf-test-online/；
NEO-PI-R：https://sapa-project.org/blogs/NEOmodel.html；

IPIP-NEO：https://www.personal.psu.edu/~j5j/IPIP/；
DISC人格特質分析：https://discpersonalitytesting.com/free-disc-test/；
LIFO調查：https://lifo.co/getting-started-lifo-process/lifo-survey/；
邁爾斯-布里格斯性格分類指標（MBTI）：https://www.myersbriggs.org/my-mbti-personality-type/take-the-mbti-instrument/；
霍根（Hogan）的動機、價值觀、偏好量表（MVPI）：https://www.hoganassessments.com/assessment/motives- values-preferences-inventory/；
蓋洛普34項優勢資源：https://www.gallup.com/cliftonstrengths/en/252137/home.aspx；
天賦能力測驗：https://www.marcusbuckingham.com；
情緒商數2.0：https://www.talentsmart.com/test/；
婚前／婚姻關係評量：https://www.prepare-enrich.com
6 Covey, S. M. (2006). The Speed of trust. Free Press. 小史蒂芬・柯維，茹貝卡・梅瑞爾（2016）《高效信任力：達成目標的極速能量》。台灣：天下文化。
7 Attwood, J. B., & Attwood, C. (2009). The passion test: The effortless path to discovering your destiny. Pocket. 珍妮・艾特伍德，克里斯・艾特伍德（2009）《熱情測驗：毫不費力的發現你的命運》，口袋書出版社。
8 Chapman, G. D. (2015). The 5 love languages. Northfield Pub. 蓋瑞・巧門（2016）《愛之語：永久相愛的祕訣》。台灣：中國主日學協會。
9 價值拍賣：https://williamsghhs.files.wordpress. com/2014/09/day-2-values-auction.pdf
10 Cherry, K. (2020). John Dewey biography. Very Well Mind. https://www.verywellmind.com/john-dewey-biography-1859-1952-2795515

11 Kułakowski A. (2011). The contribution of Marie Skłodowska-Curie to the development of modern oncology. Analytical and Bioanalytical Chemistry, 400(6), 1583–1586. 庫拉可斯基（2011）〈居禮夫人對現代腫瘤學發展的貢獻〉《分析化學和生物分析化學》，400 卷 6 期，1583-1586 頁 https://doi.org/10.1007/s00216-011-4712-1

12 Yalom, I. D., & Yalom, B. (1998). The Yalom reader. Basic Books. 歐文亞隆（2020）《亞隆文選》。台灣：張老師文化。

13 Nilon, L. D., Hjorring, A. N., & Close, K. (2013). Your insight and awareness book. Insight and Awareness Pty. 羅倫．奈隆，約林，克洛斯（2013）《你的眼光與意識》。眼光與意識公司。

14 Valentine, M. (2017). How writing your own eulogy can help you follow your heart and live your best life. Goalcast. 瓦倫丁（2017）《寫自己的悼詞能幫助你做自己想做的事和活出精采人生》。高卡斯特 https://www.goalcast.com/2017/10/09/how-writing-your-own-eulogy-can-help-you-live-your-best-life/

第 7 章　他人價值觀：對事件關係人來說，重要的是什麼？

1 Feldhahn, S. (2013). The surprising secrets of highly happy marriages: The little things that make a big difference. Multnomah Books. 桑蒂．菲德翰（2013）《極樂婚姻的驚人祕密：造成巨大不同的小事情》。穆特諾瑪出版社。

2 McLeod, S. (2018). Jean Piaget's theory and stages of cognitive development. Simply Psychology. 麥里奧德（2018）《尚．皮亞傑的認知發展理論與階段》。簡易心理學 https://www.simplypsychology. org/piaget.

html.
3 Young, J. E., Klosko, J. S., & Weishaar, M. E. (2003). Schema therapy: A practitioner's guide. The Guilford Press. 傑弗瑞・楊，克洛斯柯，韋斯赫（2003）《基模治療：治療師的指南》。吉爾福特出版社。
4 Kent, M. (2006). The Oxford dictionary of sports science & medicine. Oxford University Press. 肯（2006）《運動科學與醫學牛津字典》。牛津大學出版社。
5 Morel, P. (Director). (2008). Taken [Film]. 20th Century Fox. 皮耶・莫瑞爾導演（2018）《即刻救援》（電影）。二十世紀福斯電影。
6 Vaughn, S. (n.d.). DBT: Six levels of validation. Psychotherapy Academy. 范恩（日期不詳）《辯證行為治療：確認的六個階段》。心理治療學院 https://psychotherapyacademy.org/dbt/six-levels-of-validation/

第8章 現實：認清事情的真相

1 Li, H. (2018). 李（2018）掩耳盜鈴：小偷在竊盜鐘時摀住自己的耳朵。古代成語。https://ancientchengyu.com/cover-ear-steal-bell
2 Hornsby, B. A. (1986). The way it is [Song]. 宏斯比（1986）〈事情就是這樣〉。
3 McGraw, P. C. (2015). Life strategies: Doing what works, doing what matters. Hachette Books. 菲利普・麥格勞（2000）《活得聰明活得好》。台灣：天下文化（絕版）。
4 Stanford University: The Martin Luther King, Jr. Research and Education Institute. (n.d.). Montgomery Bus Boycott. 史丹佛大學：小馬丁・路德・金恩研究與教育中心（日期不詳）《聯合抵制蒙哥馬利巴士運動》

https://kinginstitute.stanford.edu/encyclopedia/montgomery-bus-boycott

第9章 建立架構

1 Surnow, J., & Cochran, R. (Writers).（2001年11月6日）。蘇諾，高柯隆編劇。《24反恐任務》。美國福斯廣播公司。
2 Zaback, J. (2019). Colin Powell's 40/70 approach to leadership and executive decisions. LinkedIn. 薩貝克（2019）《領導與行政決策－柯林．鮑威爾的40／70法則》。領英 https://www.linkedin.com/pulse/colin-powells-4070-approach-leadership-executive-decisions-zaback
3 Cohen-Hatton, S. (2020). The heat of the moment: A firefighter's stories of life and death decisions. Black Swan. 莎賓娜．柯恩哈頓（2020）《熱力當前：一個消防員生死決定的故事》。
4 Sun-tzu, & Griffth, S. B. (1964). The Art of War. Clarendon Press. 孫武，格里菲斯（1964）《孫子兵法》。克列倫登出版社。

第10章 勇氣：克服你的恐懼

1 QuotesCosmos (n.d.). The road to hell is paved with good intentions. QuotesCosmos 網站（日期不詳）「通往地獄的道路，皆由諸多善意鋪成。」https://medium.com/@QuotesCosmos/the-road-to-hell-is-paved-with-good-intentions-17326943c05a

2 Klemmer, B. (2005). If how-to’ s were enough we would all be skinny, rich, & happy. Insight. 布萊安．克來梅（2005）《假如知道怎麼做就夠了，我們都會苗條、富有和幸福》。台灣：遠見出版社。

3 Tuck, Edie. (2019). You can keep your good intentions: It’ s the action that really matters. Medium. 艾迪．塔克（2019）《你的好意我心領了，真正重要的是行為》。Medivm 網站 https://medium.com/1-one-infinity/you-can-keep-your-good-intentions-80f32bf8744

4 McLeod, S. (2019). Id, ego, and superego. Simply Psychology. 麥里奧德（2019）《自我、本我與超我》。簡易心理學 https://www.simplypsychology.org/psyche.html

5 85 Psychologist World. (n.d.). 31 Psychological Defense Mechanisms Explained. 85 心理學家的世界（日期不詳）《31 心理防禦機制解說》。https://www.psychologistworld.com/freud/defence-mechanisms-list

6 Terkeurst, L. (2018). The slippery slope. Crosswalk. 特庫爾斯特（2018）《滑坡謬誤》。克洛斯沃克出版社 https://www.crosswalk.com/devotionals/encouragement/encouragement-for-today-december-6-2018.html

7 Quotes.net. (n.d.). 引述（日期不詳）https://www.quotes.net/quote/41782

8 Quotable Quote. (n.d.). 引述（日期不詳）https://www.goodreads.com/quotes/3240-you-are-what-you-do-not-what-you-say-you-ll

9 Quotable Quote. (n.d.). 引述（日期不詳）https://www.goodreads.com/quotes/5156-i-learned-that-courage-was-not-the-absence-of-fear

10 Mayer, J. (2007). Say [Song]. On Continuum [Album]. Columbia Records. 約翰．梅爾（2017）〈Say〉。《連綿不絕》專輯。哥倫比亞唱片。

第11章　事與願違：當你做錯選擇時該怎麼辦？

1 Stallone, S. (Director). (2006). Rocky Balboa [Film]. United States: Metro-Goldwyn-Mayer Columbia Pictures Revolution Studios Chartoff/Winkler Productions. YouTube. 席維斯．史特龍導演（2006）。《洛基：勇者無懼》（YouTube）2020年擷取自 https://www.youtube.com/watch?v=D_Vg4uyYwEk

2 Quotable Quote. (n.d.). 引述（日期不詳）https://www.goodreads.com/quotes/1514493-a-hero-is-someone-who-in-spite-of-weakness-doubt

3 Quotable Quote. (n.d.). 引述（日期不詳）https://www.goodreads.com/quotes/53111-wisdom-is-the-power-to-put-our-time-and-our

結論　主導權與自我信任

1 Goalcast. (2017). William H. McRaven: If you want to change the world, start o by making your bed. 高卡斯特（2017）《威廉麥克雷文：如果你想改變世界，先從整理你的床開始》 https://www.goalcast.com/2017/08/17/william-h-mcraven/

2 Wood, W. (2019). Good habits, bad habits: The science of making positive changes that stick. Farrar, Straus and Giroux. 溫蒂．伍德（2020）《習慣力：打破意志力的迷思，不知不覺改變人生的超凡力量》。台灣：天下雜誌。

國家圖書館出版品預行編目資料

做個選擇高手：「最佳決策架構」讓你認識自己，克服選擇障礙、猶豫不決，奪回人生主導權／晏光中（Timothy Yen）著；張家瑞翻譯
– 初版 . -- 臺北市：三采文化，2022.6
面： 公分 .
譯 自：Choose Better: The Optimal Decision-Making Framework
ISBN：978-957-658-826-6（平裝）

1. 心理諮商 2. 個人成長 3. 心理勵志

494.1 111005490

◎封面圖片提供：
Kuzmick - stock.adobe.com
Sergey Nivens - stock.adobe.com

suncolor
三采文化集團

Mindmap 239

做個選擇高手：

「最佳決策架構」讓你認識自己，克服選擇障礙、猶豫不決，奪回人生主導權

作者｜ 晏光中（Timothy Yen） 翻譯｜ 張家瑞
責任編輯｜ 張凱鈞 專案主編｜ 戴傳欣 文字校對｜ 聞若婷
美術主編｜ 藍秀婷 美術編輯｜ 池婉珊 封面設計｜ 池婉珊 內頁排版｜ 魏子琪

發行人｜ 張輝明 總編輯｜ 曾雅青 發行所｜ 三采文化股份有限公司
地址｜ 台北市內湖區瑞光路 513 巷 33 號 8 樓
傳訊｜ TEL:8797-1234 FAX:8797-1688 網址｜ www.suncolor.com.tw
郵政劃撥｜ 帳號：14319060 戶名：三采文化股份有限公司
本版發行｜ 2022 年 6 月 24 日 定價｜ NT$380

Choose Better © 2021 Timothy Yen, Psy.D..
Traditional Chinese edition © 2022 Sun Color Culture Co., Ltd.
Original English language edition published by Scribe Media 507 Calles St Suite #107, Austin, TX , 78702, USA.
Arranged via Licensor's Agent: DropCap Inc. through The Artemis Agency.

All rights reserved.

著作權所有，本圖文非經同意不得轉載。如發現書頁有裝訂錯誤或污損事情，請寄至本公司調換。All rights reserved.
本書所刊載之商品文字或圖片僅為說明輔助之用，非做為商標之使用，原商品商標之智慧財產權為原權利人所有。

suncolor

suncolor